FRANK TEICHMANN DER MENSCH UND SEIN TEMPEL

FRANK TEICHMANN

# DER MENSCH UND SEIN TEMPEL

# ÄGYPTEN

URACHHAUS

ISBN 3 87838 235 9

 Umschlag Walter Krafft. Satz und Druck der Offizin Chr. Scheufele Stuttgart.

# Inhalt

FÜR ALBERT BURGES IN DANKBAREM GEDENKEN

# Vorwort

Der Mensch und sein Tempel – dieser Titel mag erstaunen und darauf hindeuten, daß es sich nicht darum handeln kann, eine weitere Betrachtung über die Tempelbauten der Menschheit der schon vorhandenen Literatur hinzuzufügen. Was hier angestrebt wird, ist ein Versuch, aus dem Erleben des intimen Zusammenhangs des Menschen mit der von ihm geschaffenen Kultur ein Verständnis von dem sich entwickelnden Wesen des Menschen zu gewinnen. Es wird sich dann zeigen, wie sich dieses Wesen, sein Bewußtsein, seine seelischen Fähigkeiten, in den verschiedenen Kulturen und durch diese entwickelt hat und inwiefern gerade die Tempel als Zeugen dieser differenzierten Evolution betrachtet werden können. Denn aus den Bauformen der Tempel ist zu entnehmen, was durch die verschiedenen Völker und Zeiten der menschlichen Entwicklung eingebildet worden ist. Eine so verstandene Kunstgeschichte leuchtet in manchen noch unbemerkten Bereich unseres Wesens hinein und kann, konsequent geübt, ein Weg zur Selbsterkenntnis des Menschen werden.

Was in diesem Buch dargestellt wird, fließt aus zwei Quellen. Die eine sind die ägyptischen Texte selbst. Daß sie heute so zugänglich sind, verdanken wir dem unendlichen Fleiß und Forschertrieb der Ägyptologen. Ohne die neueren Untersuchungen zu den ägyptischen Unterweltsbüchern, Hymnen und religiösen Texten wäre ein solcher Versuch von vornherein zum Scheitern verurteilt gewesen. Insbesondere stütze ich mich auf die Arbeiten von Jan Assmann, Hellmut Brunner, Erik Hornung, Joachim Spiegel und Wolfhart Westendorf. Was ich ihnen zu danken habe, geht aus dem Buch selbst hervor. Die andere Quelle ist durch die Beschäftigung mit der Anthroposophie Rudolf Steiners erschlossen worden. Von diesem Werk gehen so grundlegende Impulse der Umgestaltung des eigenen Denkens und Wollens aus, die noch keineswegs ausgeschöpft sind, daß es nicht angemessen wäre, diese im einzelnen zu vermerken. Zum Verständnis des Buches ist die Kenntnis der Anthroposophie jedoch nicht Voraussetzung. Leser, die eine solche Kenntnis besitzen und sich schon geisteswissenschaftliche Begriffe erarbeitet haben, finden im Anhang weiterführende Bemerkungen.

Ein weiterer wichtiger Punkt möge schon hier kurz gestreift werden.

Es wird sich herausstellen, daß zu einem wirklichen Verständnis der ägyptischen Pyramiden und Tempel die Anerkennung der Tatsache gehört, daß es in Ägypten Mysterienstätten gegeben hat, in denen die ägyptischen Pharaonen eingeweiht worden sind. Es war dies eine Einweihung im echten Sinne, so daß die Eingeweihten wirkliche Erlebnisse in den göttlich-geistigen Welten haben konnten. Davon berichten sie ja immer wieder. Und es wäre an der Zeit, ihre Berichte ernst zu nehmen. Sie haben ihre Aussagen, wie in allen Mysterien, in Bilder gehüllt. Aber diese Bilder müssen eben entziffert werden! Wenn das versucht wird, ergibt sich ein merkwürdiger Gleichklang der Schulungsziele der Pharaonen mit den Bemühungen, die in unserer heutigen Zeit unternommen werden, um zu sicheren Erkenntnissen der geistigen Welten zu gelangen. Dies ist wohl auch der unterschwellige Grund, warum so viele Menschen eine Beziehung zu Ägypten suchen, denn sie spüren, daß in Ägypten noch vorhanden war, was in unserer Zeit neu gefunden werden muß.

Ich bin mir bewußt, daß man gegen eine solche Ansicht Einwände erheben kann. Wenn ich sie hier aber trotzdem vertrete, so nur deshalb, weil es, wie ich zu zeigen hoffe, keine andere Möglichkeit gibt, die vorhandenen Texte zu interpretieren.

Um die Arbeit nicht allzu umfangreich werden zu lassen, habe ich auf jegliche Polemik verzichtet, so reizvoll eine solche Forschungsgeschichte auch wäre. Es sollte nur dargestellt werden, was zum Verständnis der Tempel unbedingt notwendig ist. Wo die Interpretation in noch unbeackerte Gebiete vordringt, habe ich mich bemüht, die Begründungen und Nachweise in den Anmerkungen anzugeben. Diese treten also überall da gehäuft auf, wo ich keine allgemein bekannten Ansichten referiere.

Von Herzen danken möchte ich meiner Frau für ihre unermüdliche Hilfsbereitschaft bei der Arbeit am Manuskript. Dem Verlag, und insbesondere Herrn Johannes M. Mayer, danke ich für die anregende und fördernde Zusammenarbeit.

Stuttgart, im Februar 1978 — Frank Teichmann

## Der Mensch und sein Tempel

Hören wir das Wort Tempel, so treten sofort Bilder in unserer Vorstellung auf, fast immer Bilder aus alten Zeiten. Es tauchen auf der griechische Tempel und seine Säulen, der Steinkreis von Stonehenge, eine sumerische Zikkurat, vielleicht das römische Pantheon oder ein Kirchenbau. Dieses im ersten Moment erscheinende Bild ist bei jedem von uns ein anderes. Denn die Gestaltung der Tempelbauten ist in allen Ländern der Erde und zu allen Zeiten der Geschichte verschieden. Ein indischer Stupa oder die Tempel von Machu Picchu in Peru haben äußerlich kaum irgendeine Ähnlichkeit, aber mit dem Begriff Tempel fassen wir diese ganze Vielfalt der Erscheinungsformen zusammen. Was ist also ein Tempel?
Beschreiben wir das Phänomen, das alle diese Vorstellungsbilder enthalten und suchen das Gemeinsame in allen Tempeln, so bleibt: ein ausgegrenzter Ort auf der Erde, an welchem die Menschen das Göttliche verehren. Diese Stätte kann verschieden gestaltet sein; sie kann von Wänden umschlossen sein, die sie zum Umkreis abgrenzen oder als Säulenhalle zur Welt hin öffnen; sie kann mit einem Dach versehen oder unbedeckt sein, kann auf dem Boden oder auf Stufen stehen. Wie diese Raumesform gestaltet wird, hängt damit zusammen, wie ein Volk seine Götter verehrt und wo es sie erlebt. Ein Verstehen der Tempelformen führt immer zur Entdeckung dieser Beziehung, die zwischen den Erbauern der Tempel und ihren Göttern gewaltet hat.
Die Verbindung mit den Göttern ist den Menschen vergangener Zeiten wichtigster Lebensinhalt. An ihr hängt das Wohl und Wehe der ganzen Volksgemeinschaft und ihrer einzelnen Glieder. Und weil die Tempel der Pflege dieser Verbindung dienen, wendet sich das Streben der Menschen darauf, diese Bauten so zu gestalten, daß sie würdig werden, Götter zu empfangen. Insofern treten uns in ihnen stets die höchsten Leistungen einer Kultur entgegen.
Die Götter werden in allen Erscheinungen der Welt als wirksam erlebt. Denn diese Welt wurde einstmals von ihnen geschaffen, in all ihrer Schönheit, ihrer harmonischen Ordnung und mit all ihren Wesen. Mit dieser ihrer Schöpfung blieben sie weiter verbunden, und in ihr offenbarten sie sich auch. Die gleichen Kräfte, die gleichen Ordnungen und die gleichen Gesetze, welche die Natur bestimmen, werden nun auch

im Tempelbau nachgebildet. Dadurch werden die Tempel zu Gleichnissen des göttlichen Schöpfungsprozesses, der göttlichen Ordnung, des Kosmos.

Auch der Mensch empfand sich von Göttern geschaffen und von ihnen abhängig. Aber dieses Bewußtsein schwand allmählich, bis er schließlich nur noch *wußte*, daß er ein gotterschaffenes Wesen sei. Aber immer wieder wurde ihm zum Erleben gebracht, daß er durch gemeinsame Bemühungen mit anderen Menschen und durch eigenes Streben wieder zum Göttlichen finden könne. Dieses Bewußtsein von sich selbst, seiner Aufgabe und seiner Entwicklung gibt dem Menschen eine Sonderstellung im Kosmos. Denn im Gegensatz zur ganzen Natur und allen Wesen in ihr, die mit ihrem Geschaffen-Sein zufrieden sind, will er sich dauernd wandeln. Jeder von uns ist stetig bemüht, die von Natur aus mitgebrachten Fähigkeiten zu steigern, durch Üben neue Fähigkeiten zu erwerben und in seinem individuellen geistigen Streben einem selbsterkannten Ideal zu folgen. Dieses Ideal war in Antike und Mittelalter der »göttliche Mensch«. Durch eine von Idealen bestimmte Lebensführung, durch Erübung der Tugenden, durch Teilnahme am Kultus, durch Pflege des geistigen Lebens arbeitet sich der Mensch selbst um und macht sich würdig, das »Göttliche« in sich aufzunehmen. Dadurch wird dann der Mensch selbst schöpferisch, er wird »wie« Gott. Er wandelt sich von einem geschaffenen Natur-Wesen zu einem selbst schaffenden Geist-Wesen. Indem der Mensch den Göttern Tempel baut, vollzieht nun er den schöpferischen Akt, den die Götter beim Beginn der Weltentwicklung vollbracht haben. Damit wird er sich gleichsam seines Ursprungs bewußt und gibt ihnen dankend als Kultur zurück, was sie ihm einst als Natur geschenkt haben. Ein so geschaffener Bau wird dadurch auch ein Bild des Menschen.

Das Welt- und Menschenbild aber, aus dem heraus die Gestaltung des Tempels erfolgte, wandelte sich im Lauf der Geschichte.

Es ist z. B. anders in Ägypten als in Griechenland. Denn andere Eigenschaften entwickeln sich im Gange der Zeiten, andere Fähigkeiten treten in den Vordergrund und beherrschen die Ziele des Menschen. Um nur auf *eine* solche Tatsache aufmerksam zu machen, sei hier auf die Entstehung der Philosophie in Griechenland gedeutet. Viele Menschen beginnen zu denken und befassen sich mit Problemen, die weder von außen gefordert noch jemals vorher bedacht worden sind. Ein neues Erlebnis tritt auf, eine neue Fähigkeit. Diese wirkt wieder zurück auf die Verehrung der Götter. Und im Tempelbau zeigt sich das.

Die Entwicklung, die wir überschauen können, reicht von den Anfängen Ägyptens, Mesopotamiens und Irlands (ca. 3000 v. Chr.) bis heute. Was vorher war, bleibt im Dunkel der Vorgeschichte verborgen. Da aus jener Zeit keine Schriftdenkmäler oder ausreichende archäologische Zeugnisse vorliegen, gibt es nur vage Vermutungen, wie die Tempel dieser Zeiten ausgesehen haben könnten.[1]

Verfolgt man die Änderung der Tempelformen in den geschichtlichen Epochen und versucht aus diesen Formen das zu erschließen, auf was es den diese Tempel errichtenden Menschen ganz besonders ankam, so wird man entdecken, daß es *eine* Entwicklungsströmung gibt, zu der unser Kulturbereich gehört, in der die aufeinanderfolgenden Tempelbauten nach einer bestimmten Gesetzmäßigkeit gestaltet sind. Daneben gibt es noch andere Entwicklungsrichtungen, die mit der europäischen Entwicklung nicht direkt verbunden sind (z. B. China, Amerika) und die hier auch nicht behandelt werden sollen. Die Entwicklung verläuft überraschenderweise in der Art, daß der Mensch nach und nach seine »Hüllen«, d. h. die Glieder seines Wesens, durch die er sich in der Welt verwirklicht, aus sich heraussetzt, indem er sie in den Raumeshüllen der Tempel anschaubar macht und sich ihrer dadurch bewußt wird. Er beginnt in Ägypten mit dem *physischen Leib*. Dabei dürfen wir aber nicht an ein äußeres Bild der menschlichen Gestalt denken, wo etwa die Tempelteile dem Kopf, Händen oder Füßen entsprächen, sondern die *Funktion* des ägyptischen Tempels ist dieselbe, die auch dem physischen Leib des Menschen zukommt, nämlich irdischer Träger eines Geistwesens zu sein. In Griechenland wird ein Bild des *Lebens dieses Leibes* in den Tempel geprägt. Dazu muß der Tempel so gestaltet werden, daß er die Gesetzmäßigkeiten des Organischen zeigt. Eine solche wäre z. B. der »Einklang«, der sich in dem inneren Bezug aller einzelnen Glieder zum Ganzen ausdrückt. Bei diesem Tempel kann daher auf kein Element am gesamten Bau verzichtet werden, weil sonst der Einklang gestört würde. Das hat weiter zur Folge, daß ein in solcher

1 Siehe z. B.: W. Andrae, Das Gotteshaus und die Urformen des Bauens im Alten Orient. Berlin 1933.

Harmonie erbauter Organismus weder verändert noch umgebaut werden kann. Er zeigt ein »ewig blühendes Leben, eine nie alternde Seele« (Plutarch). Der nächste große Schritt im Verlauf dieser Entwicklung wird mit dem gotischen Dom erreicht. Da ist es die *Seele,* die sich in den baulichen Gestaltungen ausspricht. In den hochstrebenden Formen kommt die Sehnsucht der Menschen nach einer göttlichen Welt zum Ausdruck, die jetzt über dem irdischen Dasein gesucht wird. In dem schwebenden reinen Leuchten der Glasfenster offenbart sich etwas von der Reinheit und Harmonie der durch das Göttliche erleuchteten Seele. So kann dann Meister Eckhart in einem solchen Bau predigen: »Dieser Tempel, darin Gott gewaltig herrschen will nach seinem Willen, das ist des Menschen Seele.« – In unserer Zeit nun wird es der *Geist* sein müssen, der sich in einem neuen Tempel die ihm entsprechende Form erdenkt. In dem von Rudolf Steiner erbauten ersten Goetheanum war diese Form erstmals bewußt angestrebt worden.
In der Entwicklung des Tempelbaus haben wir damit den in die Kulturepochen entfalteten Menschen vor uns! Wenn wir uns also mit diesen scheinbar längst vergangenen Phänomenen beschäftigen, erfahren wir etwas über uns selbst. Und aus dieser Erfahrung wird sich ergeben können, was unsere Aufgabe hier und heute sein wird.
Diese vier großen Entwicklungsschritte im Tempelbau der Menschheit sollen ausführlich dargestellt werden. Dabei wird jedoch nicht nur eine reine Beschreibung der Bauwerke gegeben, sondern darüber hinaus ein weiterer Schritt versucht werden. Wenn nämlich der Mensch das, was er im Umgang mit Göttlichem erlebte, in die Formen des Tempels hineingestaltete, dann muß dieses Erlebnis, durch das empfindende Betrachten derselben, wieder wahrzunehmen sein. D.h. es muß bewußt gemacht werden, was im Seelenleben des Betrachters geschieht, wenn er sich den Bauformen aussetzt. Da dieser Prozeß normalerweise fast unbemerkt abläuft, bedarf es einer Art Ausnahmezustand, um dieses unberücksichtigte Element des Seelenlebens ins wache Bewußtsein zu heben. Diese Methode soll hier angewendet werden, um sich ahnungsweise heranzutasten an das, was einstmals als Kulturgestaltung von diesen Bauwerken ausstrahlte und das Wesen des Menschen so beeinflußte, daß es sich dem Göttlichen öffnen konnte.

# ÄGYPTEN

## Geschichtlicher Überblick

Ägypten ist ein Geschenk des Nils. Alljährlich einmal steigen seine Wasser, überfluten das Land, lagern den fruchtbaren Schlamm ab und laufen langsam wieder ab. So weit seine Überschwemmung reicht, so weit reicht der bebaubare Boden, der die Grundlage des üppigen Wachstums im Niltal abgibt. Aber rechts und links von diesem schmalen Streifen Fruchtland, der an keiner Stelle mehr als 25 km breit ist, dehnen sich endlose Wüsten. Im Osten die Arabische Wüste, deren kahle Gebirge sich bis über 2000 m Höhe erheben, im Westen die Libysche Wüste, die im Süden gebirgig und felsig, im Norden eher flach und sandig ist. Nördlich von Memphis (dem heutigen Kairo) teilt sich der Nil in mehrere Mündungsarme und bildet das gegen das Meer zu breiter werdende Delta. Weil die Deltalandschaft – Flachland mit undurchdringlichen Sümpfen – in ihrem Charakter anders ist als das übrige Niltal mit seinen Wüstenrandgebirgen, unterscheidet der Ägypter auch zwei Landesteile, Unter- und Oberägypten.

Da das offene Meer für den alten Ägypter auch eine Grenze darstellt, die zu überqueren er nicht wagte, ist die geographische Lage Ägyptens durch eine fast totale Isolierung von seiner weiteren Umwelt gekennzeichnet. Die unermeßlichen Weiten der Wüstenöden erlauben nur spärliche Kontakte zu fremden Kulturen und bedingen geradezu eine eigenständige Entwicklung. Diese wird auch noch dadurch erleichtert, daß der Nil als natürlicher Verkehrsweg fast alle Orte Ägyptens miteinander verbindet und so die Voraussetzung für ein einheitlich organisiertes Staatswesen ist.

Aber trotz der Einheitlichkeit dieses geographischen Raumes, in welchem schon seit frühesten Zeiten Menschen leben, gibt es während der ganzen vorgeschichtlichen Zeiten immer nur verhältnismäßig kleinräumige Kulturen. Seit dem 5. Jahrtausend lassen sie sich, vor allem durch die Verschiedenartigkeit ihrer Keramik, deutlich voneinander abgrenzen. Sie gehören zu den Ackerbau- und Viehzüchterkulturen, die sich damals schon über weite Gebiete der Erde ausgebreitet hatten. Aber nichts deutet darauf hin, daß Ägypten irgendeine besondere Rolle in dem Reigen dieser Kulturen gespielt hätte.

Das wird völlig anders, als um 3000 vor Christus, fast unvorbereitet, die eigentliche »ägyptische Kultur« in das Licht der Geschichte tritt. Innerhalb weniger Jahre werden alle wesentlichen Schritte vollzogen, die das Land aus dem Zustand der Vorgeschichte in den einer Hochkultur überleiten: Das Land wird geeint und streng durchorganisiert – und dadurch das erste Staatswesen der Weltgeschichte geschaffen –, der Kalender wird eingeführt und dadurch die Zeitrechnung ermöglicht; die Schrift wird erfunden und dazu verwendet, geschichtliche Taten festzuhalten; und schließlich werden die Prinzipien der bildnerischen Künste entwickelt und ein Proportionskanon gegeben, der für die weitere Kunstentwicklung bestimmend bleibt. Als Schöpfer aller dieser Kulturtaten verehrten die Ägypter später ihren ersten Gottkönig: *Menes*. Mit ihm beginnt die ägyptische Hochkultur. Sie entstand also nicht durch einen sich langsam entwickelnden Prozeß, sondern durch eine Schöpfertat eines halbgöttlichen Wesens (Abb. 1).

Unter der Führerschaft von Priesterkönigen erlebt das Land dann drei große Blütezeiten. Sie werden gewöhnlich die drei »Reiche« genannt:

| | |
|---|---|
| das Alte Reich | 2700–2200 v. Chr. |
| das Mittlere Reich | 2000–1800 v. Chr. |
| das Neue Reich | 1600–1100 v. Chr. |

Zwischen diesen Blütezeiten gibt es jeweils Phasen des Verfalls und des Wiederaufbaus der Kultur, die dadurch immer wieder neu begründet werden mußte. Jedes dieser drei Reiche zeichnet sich daher auch, und das ist für unser Thema bedeutsam, durch einen anderen Bauimpuls aus.

Am Beginn des Alten Reiches lebte König *Djoser* mit seinem weisen Ratgeber *Imhotep*, der »den Steinbau eröffnete«. Er schuf die erste Pyramide. Damit wurde Ägypten der Weg in die Zukunft gewiesen, denn die erste Pyramide war zugleich der erste große Steinbau der Weltgeschichte. Seinen Höhepunkt erreichte dieser Bauimpuls schon 60 Jahre später unter den Pharaonen *Cheops* und *Chefren*, als die riesigen Pyramidenanlagen von Giseh entstanden. Alle nachfolgenden Pyramiden waren dann zwar kleiner, aber deren Errichtung wurde noch von allen Königen des Alten Reiches als notwendig erachtet.

Im Mittleren Reich wurde die Hauptkraft des Volkes dazu verwendet,

Abb. 1 Schminkpalette (Siegestafel) des Königs Narmer, aus Hierakonpolis. Reichseinigungszeit. 1. Dynastie, um 2950 v. Chr. Schiefer, Höhe 64 cm. Ägyptisches Museum, Kairo.

Diese Schminkpalette des Königs Narmer, die zu den wichtigsten Quellen der Reichseinigungszeit gehört, steht am Ende einer kurzen Entwicklung solcher Denkmäler. Sie ist in mehrfacher Hinsicht bedeutsam: Auf ihr erscheint das erste Mal ein König, der beide Kronen trägt, die von Unterägypten (auf der Vorderseite) und die von Oberägypten (auf der Rückseite). Außerdem treten hier die ersten Hieroglyphen auf, die den Namen des Königs, die Namen der Feinde und die Titel der Diener angeben. Auch die Darstellungsweise zeigt schon die typisch »ägyptischen« Stilmerkmale.

die Oberfläche der Erde umzugestalten. Kanäle wurden gegraben, große Gebiete künstlich bewässert, die Wasserzufuhr des Mörisees (das heutige Fayum) reguliert und damit große Flächen zu fruchtbarem Akkerland umgewandelt. Die Könige ließen zwar auch noch Pyramiden erbauen, aber im Vergleich zum Alten Reich wurde keine so große Sorgfalt mehr auf deren Ausführung verwendet. Aus luftgetrockneten Lehmziegeln oder aus einem steinernen Kammergerüst, das mit Schutt und Sand gefüllt wurde und mit einer Verkleidung aus Stein versehen, sind sie heute zu großen Erdhaufen verwittert.
Im Neuen Reich wurden keine Pyramiden mehr gebaut. Dafür entstanden jetzt die großen Göttertempel für den Götter-Kult und die am westlichen Rande des Niltals liegenden Totentempel für den Totenkult. Die Leichname der Pharaonen wurden in tief in den Berg hineingetriebenen Gräbern, abgelegen von den Lebenden und den Kultstätten, in einem Tal der westlichen Wüste bestattet.
Damit ergibt sich eine grobe Gliederung der Bauten Ägyptens im Laufe seiner Geschichte:

| | |
|---|---|
| im Alten Reich | Pyramiden – Bauten über der Erde |
| im Mittleren Reich | Kanäle und Bewässerungsanlagen, einfache Pyramiden und erste Tempel – Bauten auf der Erde |
| im Neuen Reich | Tempelanlagen und Gräber – Bauten auf und in der Erde. |

Aus dieser Entwicklung der Baukunst ist deutlich abzulesen, wie der Ägypter immer stärker die irdische Welt ergreift, immer tiefer in sie eindringt und sie allmählich erobert. Dieselbe innere Figur liegt seiner Geschichte zugrunde. Auch hier macht sich der Ägypter die Welt untertan, erobert im Mittleren Reich den Süden, im Neuen Reich den Nordosten. Immer neue Fremdländer – Nubien, Palästina, Syrien – werden dem ägyptischen Staatswesen eingegliedert. Dadurch dringt der Ägypter immer weiter in der Welt vor und überwindet so, im Laufe seines geschichtlichen Handelns, die ihm von der Natur gesetzten Grenzen.
Damit hat der Ägypter die Aufgabe in der Kulturentwicklung, sich in die irdische Welt einzuleben, erfüllt.

# DIE PYRAMIDEN

## Die Pyramiden

*»Ihr meine Freunde, es gibt kein Bauwerk unter dem Himmel, das an Vollendung den Pyramiden Ägyptens gliche! Das sind Bauten, die sogar die Zeit fürchtet, und es fürchtet doch alles in der sichtbaren Welt die Zeit. Mein Auge erfreute sich an diesen einzigartigen Bauten, aber meine Gedanken quälten sich mit der Frage, was sie bedeuten sollen.«*[1]

UMARA AL JAMANI (†1175)

URFERNE VERGANGENHEIT wird wachgerufen, wenn die Pyramiden vor dem Blick des Betrachters auftauchen – Zeugen der Ewigkeit. Es sind die ältesten Steinbauwerke der Menschheit. Dieser Anfang aller Architektur erhält sein besonderes Gewicht auch dadurch, daß es die größten Bauwerke sind, die jemals auf der Erde errichtet wurden. Das Staunen wächst weiter, wenn entdeckt wird, daß diese frühzeitlichen Großleistungen, ohne auf vorhergehende Erfahrungen gründen zu können, geschaffen worden sind. Es gibt keine Entwicklung hin zum Pyramidenbau. Sie sind wirklich die ältesten und gleichzeitig die größten Denkmäler der Menschheit. Ihre Errichtung wurde seit jeher als Wunder erlebt. Aber nicht nur wegen ihrer imponierenden Größe und wegen der Sorgfalt der Bauausführung staunte man sie als Weltwunder an[2], sondern auch wegen der in ihrem Innern vermuteten Wunderdinge. Man wußte so wenig vom Sinn der Pyramiden – denn der einfachen und allgemeinen Erklärung, es seien »Gräber« vergangener Könige, widersprach das einen tieferen Sinn ahnende Erlebnis –, daß sich schon seit alter Zeit die Phantasie der Menschen an ihnen entzündete. Sei es, daß sie goldene Schätze in ihrem Innern verborgen dachten und diese suchten, oder sei es, daß man die Weisheit der Welt in ihrer Gestalt und ihren Maßen und Winkeln versiegelt dachte. Bis auf den heutigen Tag werden die Pyramiden und ihre Erbauer von Märchen und Sagen umwoben. Was mit einer so auffallenden, einfachen und klaren geometrischen Form wohl gemeint sein könnte, warum ein so ungeheurer Aufwand an Material getrieben und warum eine so außerordentliche Präzision und Exaktheit der Winkel und Flächenbearbeitung angestrebt worden ist, sind Rätselfragen, bei deren Beantwortung keine Überlieferung weiterhilft (Abb. 2). Die Texte schweigen.

Der Sinn der Pyramiden erschloß sich nicht. Das Rätsel blieb, wie eine unbeantwortete Frage der Sphinx, deren kolossales Bild die Geheimnisse des Pyramidenbereiches zu hüten schien. Selbst den modernen Touristen, der glaubt, die Sache schnell durchschauen zu können, beschleicht eine zwiespältige Empfindung, weil ein Rest unentdeckt bleibt, selbst wenn alles angeschaut wird, was es anzusehen gibt. Die Sphinx blickt über unsere Alltagswelt hinweg, sie sieht nicht die ver-

1 Aus E. Graefe, Das Pyramidenkapitel in Al-Makrizi's Ḫiṭaṭ, Leipzig 1911, S. 87.

2 In der Antike beginnen alle Aufzählungen der sieben Weltwunder mit den Pyramiden.

Abb. 2 Die Pyramidengruppe von Giseh. Blick von Süden auf die Pyramiden der Könige Cheops (rechts hinten), Chefren und Mykerinos (mit drei kleinen Nebenpyramiden). 4. Dynastie, um 2500 v. Chr.

streuten einzelnen Dinge des irdischen Bereiches, sondern schaut in die Unendlichkeit des Horizonts, an die Stelle im Osten, wo sich Sonne und Erde verbinden und wo der Einstieg in Himmel und Unterwelt stattfinden kann. Dort gelten ewige Gesetze, dorthin blickt die Sphinx (Abb. 3), dorthin blicken alle ägyptischen Statuen, und diesem Blick müßte nachgehen, wer etwas vom Geheimnis der Pyramiden entschleiern will.

Sind auch die Pyramiden heute noch stattliche Bauten, so dürfen wir doch nicht vergessen, daß wir eigentlich nur Ruinen vor uns haben und daß der Anblick, den ein Ägypter zur Zeit ihrer Erbauung von ihnen haben konnte, ein ganz anderer war. Vor allem fehlen heute fast alle

diejenigen Bauwerke, die zu einer Pyramide dazugehören und die immer mit ihr verbunden gedacht werden müssen. Diese Gebäude sind, wie die meisten Bauten aus dem Alten Reich, im Laufe der Zeit zerfallen oder abgetragen worden. So blieb bis heute als einziges Denkmal einer einst umfangreichen Anlage meist nur noch deren Hauptbaukörper, die Pyramide selbst, erhalten. Sie steht immer im Westen des Niltals, oft auf einem erhöhten Plateau, weit über das Land hin sichtbar. Dort ist der Bereich der untergehenden Sonne, der sterbenden Sonne, des Todes. Dort ist die Welt des Unwandelbaren, Ewigen. Und nur von Sand, Wüste, Stein und Licht sind diese Bauten umgeben.
Am Rand des Landes, wo Gewässer fließen, Gräser grünen, Blumen

Abb. 3 Die Große Sphinx von Giseh. 4. Dynastie, um 2550 v. Chr. (Höhe 20 m). Dieses kolossale Bild der Sphinx (Löwenleib mit Königskopf) ist aus einem beim Bau der Pyramiden stehengelassenen Felsblock ausgearbeitet worden. Die Ägypter sahen in ihm ein Bild des Sonnengottes.

blühen, Frucht gedeiht, liegt ein Torbau, der sogenannte Taltempel. Er steht an der Grenze zum Lebensbereich. Von hier führt ein langer gedeckter Weg, der sogenannte Aufweg, zu einer Tempelanlage hinauf, die der Pyramide direkt vorgelagert ist, dem sogenannten Totentempel. Jede Pyramiden-Anlage ist also viergegliedert: Taltempel – Aufweg – Totentempel und eigentliche Pyramide (Fig. 1).

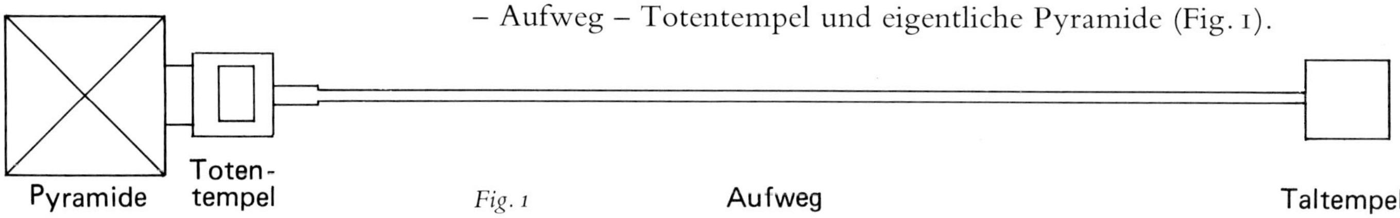


*Fig. 1*

Betrachten wir als erstes die *Pyramide* als solche (Fig. 2). Sie ist ein ganz einfacher geometrischer Körper: Vier gleiche, gleichschenkelige Dreiecke erheben sich auf einem Grundquadrat und treffen sich in einer Spitze. Diese Form liegt allen Pyramiden zugrunde. Dabei können die Winkel des Seitendreiecks bei den einzelnen Bauten etwas voneinander differieren, aber die Unterschiede sind gering. In der Form sind also alle Pyramiden ähnlich, jede unterscheidet sich von der anderen nur

*Fig. 2*

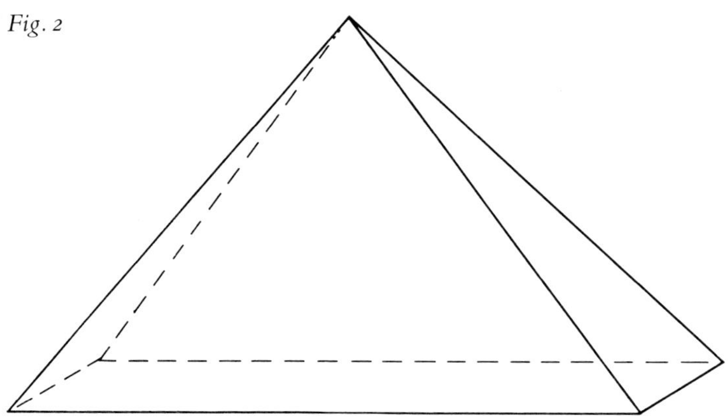

durch unterschiedliche Höhe und unterschiedliche Seitenverhältnisse. So wird nach außen dargestellt, was die ägyptische Kultur charakterisiert: ein genau festgesetzter Kanon von Vorschriften, der alle Lebensbereiche, wie z. B. die Kunst, die Schrift (Orthographie), den Kultus, die Gesellschaft etc. bestimmt, der aber noch geringe Variationsmög-

lichkeiten offenläßt. Nach ihm richten sich alle Menschen. Erst in der Anordnung der inneren Räume unterscheiden sich die Anlagen.
Große Sorgfalt wurde auf die Ausführung und Vermessung der Bauten verwendet. Bei Beginn der Bauarbeiten wurde auf den eingeebneten Felsgrund das Grundquadrat eingeritzt. Diese Ritzlinien (Fig. 3) sind bei der Cheopspyramide wiedergefunden und genau aufgemessen

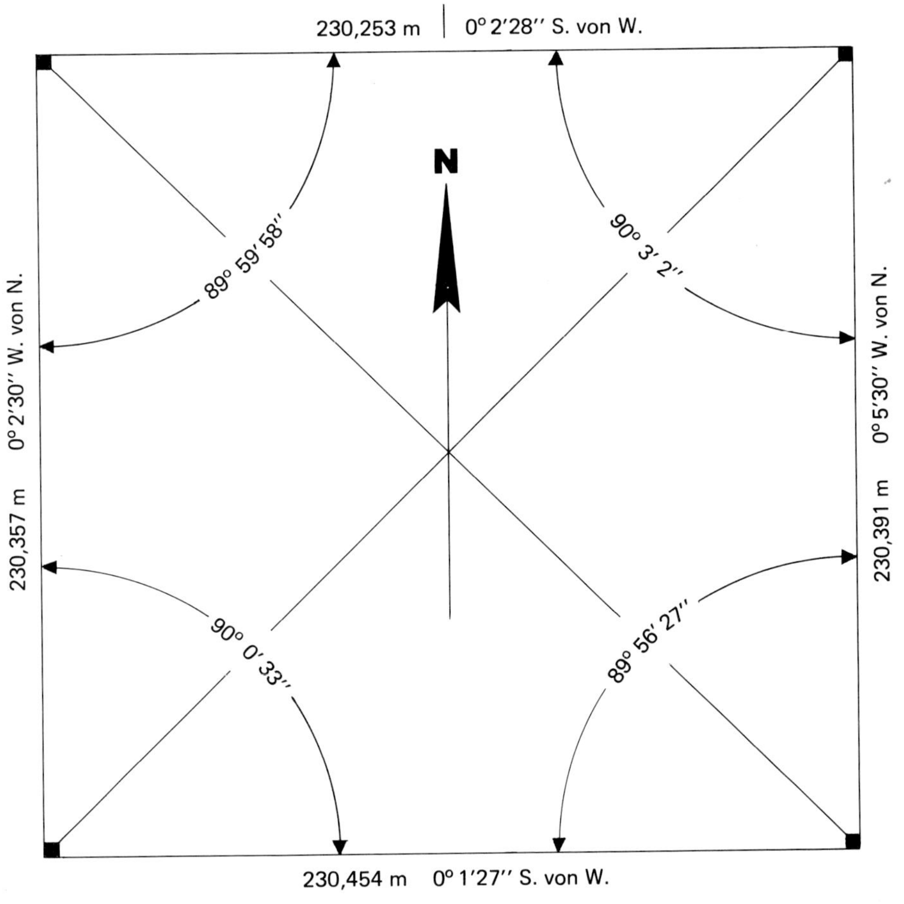


Fig. 3 Die Maße und Winkel der in den Felsgrund eingeritzten Grundrißlinien der Cheopspyramide. Man beachte die überaus genaue Übereinstimmung der Seitenflächen mit den Himmelsrichtungen.

worden.[3] Das überraschende Ergebnis: die vier rechten Winkel der Ekken des Grundrißquadrates sind über alle Maßen genau; die Abweichungen betragen an der NW-Ecke der Cheopspyramide −0′2″ (genauester Winkel), an der SO-Ecke −3′33″ (ungenauester Winkel). Das Erstaunlichste ist aber die Orientierung des Baues nach den vier Him-

3 L. Borchardt, Beiträge zur Bauforschung 1, Kairo 1937, Tafel 2.

melsrichtungen. Die Abweichung der Südseite beträgt nur 1′57″. Die ungenaueste Seite, die Ostseite, ist um 5′30″ fehlorientiert! Die Messungen müssen also äußerst sorgfältig gemacht worden sein, d.h. es kam den Ägyptern offenbar sehr darauf an, die Ausrichtung der Pyramiden mit den kosmischen Richtungen in Einklang zu wissen.[4]

Die Präzision, die den Grundriß bestimmte, zeigt sich auch an der Behandlung der Oberfläche. Die Verkleidungsblöcke aus feinem, weißem Kalkstein waren so genau versetzt und poliert, daß der ganze Mantel wie ein heller Kristall gestrahlt haben muß. Durch die spiegelglatte Politur konnte auf dieser Oberfläche kein Schatten gesehen werden, die vier Dreiecke leuchteten nur mehr oder weniger hell. Die Spitze der Pyramide wurde durch Vergoldung[5] oder durch die Wahl eines schwarzen Schlußsteins besonders hervorgehoben. Diesen leuchtenden Riesenkristall müssen wir uns vorstellen, wenn wir berücksichtigen wollen, wie die Pyramide einst auf die Ägypter gewirkt hat.

Obwohl jede Pyramide aus tausenden von Steinblöcken erbaut ist, tritt die Empfindung von Schwere und Materie nicht auf. Das hat zwei Ursachen: Eine davon ist in ihrer Form zu suchen, denn von welcher Seite man die Pyramide auch ansieht, immer zeigt sich ein Dreieck. Aber ein Dreieck, das nicht lastend, nicht aufstrebend, sondern im Gleichgewicht erlebt wird. Das kann durch Vergleiche von Dreiecken mit anderen Neigungswinkeln deutlich nachempfunden werden (Fig. 4). Die zweite Ursache ist in ihrem Leuchten zu sehen. Denn dem Strahlen der Sonne scheint die Pyramide mit ihrem hellen Erglänzen zu antworten – ein unübersehbares, überirdisch wirkendes Zeichen.

Dem Ägypter war der Zusammenhang zwischen der Pyramide und

4 Die anderen Pyramiden konnten nicht so genau vermessen werden. Aus Messungen an vorhandenen Blöcken wurden folgende Abweichungen ermittelt: Chefrenpyramide 5′32″, Mykerinospyramide 14′3″, Knickpyramide von Dashur 10′.

5 Das können wir aus den Determinativ-Schriftzeichen für Pyramide entnehmen, die oft eine gelb gemalte Spitze aufweisen.

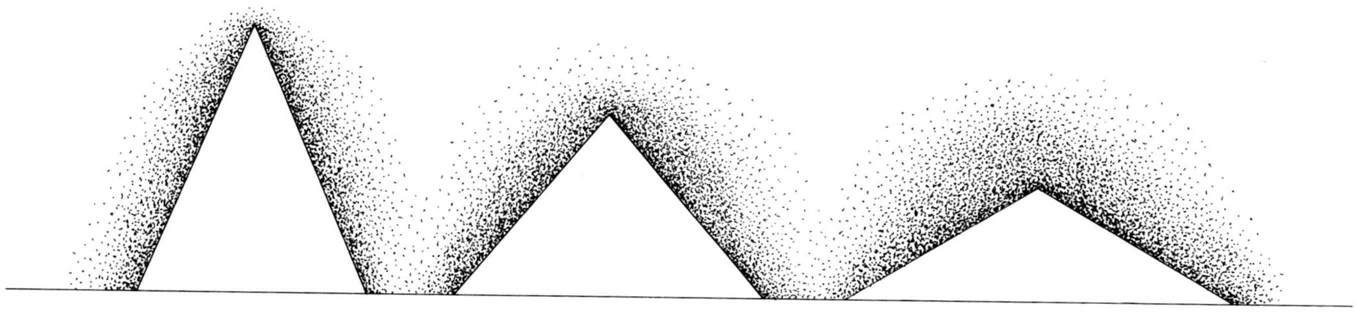

Fig. 4 Pyramiden mit verschiedenen Neigungswinkeln.

Abb. 4 Pyramidion Amenemhêts III., von seiner Pyramide in Dashur. 12. Dynastie, um 1800 v. Chr. schwarzgrauer Granit. H. 1,40 m. Ägyptisches Museum, Kairo.

dem Wesen der Sonne, dem Sonnengott, immer bewußt. Die Pyramide erhält ihren Sinn überhaupt erst durch die Anschauung, daß der Sonnengott sich jeden Morgen mit ihr verbindet und sie dadurch zu leuchten anfängt. Der vergoldete oberste Stein der Pyramide, das sogenannte Pyramidion, das selbst wie eine Pyramide im kleinen aussieht, wird »Benbenet« genannt. Benbenet ist abgeleitet von *wbn*, was »glänzen«, »aufgehen«, »Aufsteigen der Sonne« am Morgen heißt. Die Reduplikation benben deutet auch sprachlich auf das sich immer wiederholende Geschehen des täglichen Sonnenaufgangs. Der Ur-Benbenstein stand im Tempel von Heliopolis und wurde mit dem Sonnen-

Abb. 5 Die Pyramide des Mykerinos, bei Sonnenuntergang, von Osten gesehen. Im Vordergrund Reste des Aufweges und des Totentempels.

Abb. 6 Die Pyramide des Chefren, von Osten gesehen. Am Fuße der Pyramide Reste des Totentempels. Man beachte die Form des Pyramidendreiecks, das weder lastend noch aufstrebend erlebt wird.

28

gott Atum-Chepri in Verbindung gebracht.[6] Auch die Obelisken haben an ihrer Spitze ein Pyramidion, ein Benbenet, das auf die Verbindung mit der Sonne hinweist.

Aus dem Alten Reich ist leider kein Pyramidion erhalten geblieben. (Da sie mit Gold beschlagen waren, hat man sich wahrscheinlich schon bald ihrer bemächtigt.) Aus dem Mittleren Reich aber ist eine Pyramidenspitze fast unversehrt aufgefunden worden (Abb. 4).[7] Es ist das Pyramidion Amenemhêts III. Dieses trägt auf allen vier Seitenflächen Inschriften, in denen Götter erwähnt werden, die mit der Pyramide in Beziehung stehen. So wird auf der Ostseite der Sonnengott angesprochen:

»Amenemhêt III. schaut die Vollkommenheit der Sonne.
Geöffnet ist das Gesicht König Amenemhêts; er schaut
den Herrn des Horizonts (= Re), wie er den Himmel durchfährt«.

Auch der Text der Westseite wendet sich an den Sonnengott, an Ptaḥ – Sokar – Osiris.

Die erste Pyramide, die die reine Dreiecksform zeigte, die Pyramide des Snofru in Medum, hatte als Besonderheit, daß nur das Kernmauerwerk auf dem Felsen auflag. Die Pyramidenverkleidung selbst fußte auf einer Sandschüttung! Auch diese Merkwürdigkeit wird erst sinnvoll, wenn man weiß, daß sich der Benben-Stein in Heliopolis auf dem »Hohen Sand« erhebt.[8]

Alle diese Hinweise deuten auf eine innige Beziehung zwischen Sonne und Pyramide. Wir werden auf sie zurückkommen.

Eine Beobachtung, die sich durch Abbildungen nicht vermitteln läßt, soll hier noch mitgeteilt werden. Beim Betrachten der Pyramiden entsteht am Tage der Eindruck, daß das Göttliche von oben auf die Erde herunterkomme. Dieser Eindruck wird hervorgerufen durch die Korrespondenz, die zwischen dem von der Sonne ausstrahlenden Licht und der diese Strahlen auffangenden und weiterleitenden Pyramide besteht. Diese scheint das irdisch-stoffliche Abbild des von der Sonne ausgehenden Urbildes zu sein. Ganz anders ist der Eindruck der Nacht. Wenn die fast ganz dunkle Pyramide sich von dem fern funkelnden Sternenhimmel abhebt, wirken die Linien aufsteigend. In diesem Wechsel der Empfindung drückt sich etwas aus, was der Ägypter als

Abb. 7 Pfeilersaal im Taltempel der Chefrenpyramide. Die Pfeiler und Wände bestehen aus rosafarbenem Assuangranit, der Boden aus weißem Alabaster. Links im Bild sind im Boden noch die Vertiefungen zu erkennen, wo ehemals die schwarzen Dioritstatuen des Chefren standen. Höhe der Pfeiler 4,10 m.

6 Pyr. Spr. 600 § 1652: Atum-Chepri, du wurdest hoch als Hügel, du gingst auf als Benben im Phönix-Haus in Heliopolis.

7 Pyramidion Amenemhêts III. von seiner Pyramide in Dashur, heute im Museum Kairo, vgl. H. Schäfer: in ZÄS 41/1904, S. 84.

8 Dietrich Wildung, Zur Deutung der Pyramide von Medum, Revue d'Égypte 21/1969, S. 143.

Sinn der Pyramide erlebte: das Empfangen und Anwesendsein der Lichtstrahlen und damit des Sonnengottes für die Lebenden auf der Erde – am Tage, und das Aufsteigen des Pharaos zu den unvergänglichen Sternen im Leben nach dem Tode – in der Nacht (Abb. 5, 6).

Alle Eindrücke, die durch die Pyramiden hervorgerufen werden, beziehen sich immer auf die Außenwelt. Der hell leuchtende Lichtkristall weist auf den ganzen kosmischen Lichtraum hin, steht im Zusammenhang mit der Sonne und strahlt das Licht in die vier Himmelsrichtungen. Diesem reinen Außensein gegenüber tritt die Frage nach dem Innern eines solchen Bauwerkes gar nicht auf. Alles, was auf ein Inneres hinweisen könnte, fehlt. Keine Öffnung in den Dreiecksflächen deutet auf Räume und Kammern, kein Fenster durchbricht die Außenwand, keinerlei Zugänge oder Einstiegsmöglichkeiten zeigen sich. Alles Suchen danach wird abgewiesen. Das Pyramideninnere bleibt unzugänglich für das normale Sinnesbewußtsein. In den orientalischen Märchen vom Kristallberg findet diese Undurchdringlichkeit ihre dichterische Formulierung. Aber seit Urzeiten lebt auch im Menschen die Ahnung, daß die Pyramiden in ihrem Innern ein heiliges Geheimnis umschließen und verbergen;[9] bis heute.[10]

Direkt an der Grenze zum Wüstengebiet im Westen, dem Reich der Toten, lag der sogenannte *Taltempel.* Er kennzeichnete die Schwelle, die Station des Übergangs von der profanen in die heilige Sphäre. Am besten erhalten ist der Taltempel der Pyramidenanlage des Chefren. Er möge als Beispiel dienen. Sein Hauptraum hat einen T-förmigen Grundriß und wird durch zwei Pfeilerreihen in drei Schiffe geteilt (Fig. 5). Alle Räume, die wie aus einem großen massiven Block ausgehöhlt scheinen, waren gedeckt und wurden durch schmale Lichtschlitze schwach erleuchtet (Abb. 7). An den Wänden befanden sich lebensgroße Statuen des Königs aus schwarzem Diorit. Eine davon ist das bekannte Sitzbild des Chefren, dessen Haupt von den Schwingen des Horusfalken von hinten umfaßt wird (Abb. 8). Die Pfeiler und Wände im Innern bestanden aus sehr sorgfältig bearbeitetem roten Granit von Assuan. Der Boden war aus weißem Alabaster. Durch diese ausgesucht edlen Materialien muß der Raum in seiner Farbigkeit einst einen feierlichen Eindruck gemacht haben (Abb. 9). Welche Riten

9 Im Papyrus Westcar (dessen Vorlage aus der 12. Dyn. stammt) wird in einer volkstümlichen Erzählung davon berichtet, daß Cheops die geheimen Kammern des Thoth-Heiligtums suche, um sie in seiner Pyramide zu kopieren. Vgl. E. Brunner-Traut, Altägyptische Märchen, Düsseldorf 1963, S. 16–19.

10 Bis heute ist man auf der Suche nach unentdeckten aber vermuteten Kammern. Luis Alvarez versuchte z. B. zwischen 1965–1970 durch Messung der Energie von kosmischen Strahlen noch unentdeckte Kammern in der Chefrenpyramide zu finden. Ohne Ergebnis.

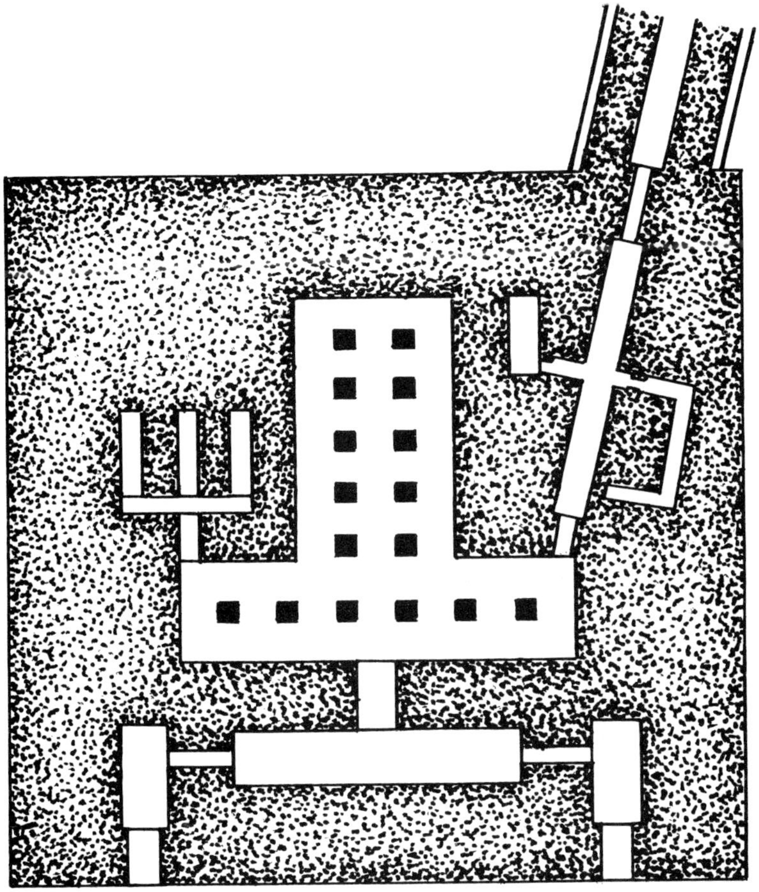

Fig. 5 Grundriß des Taltempels der Chefrenpyramide.

dort stattgefunden haben, weiß man nicht mehr, da alle Räume ohne Inschrift und ohne Schmuck sind. Nur aus den Bauformen, z. B. der Verwendung monolither viereckiger Pfeiler, könnte man erschließen, daß der Raum mit den Gottheiten des Sonnenlaufes in Verbindung gestanden haben kann.

Der vor der Ostseite der Pyramide liegende *Totentempel* ist nach dem gleichen Bauprinzip wie der Taltempel errichtet worden. Auch seine Räume, die bei jeder Pyramidenanlage der Zahl und Anordnung nach variieren, scheinen wie aus einem großen Massiv ausgehöhlt. So verschieden die Tempel im einzelnen auch sein mögen, ein Bauteil ist ihnen allen zu eigen: der große offene Hof, der entweder von Pfeilern (4. Dyn.) oder von Säulen (5. Dyn.) umstanden ist und einen Altar enthält (Fig. 6, 7, 8, 9 und Abb. 10). Durch die Ritualhandlungen, die in den einzelnen Räumen und Kammern stattfanden, erhielten diese ihre Bedeutung. Sie bleibt, da Inschriften in allen frühen Totentempeln feh-

Abb. 8 Sitzstatue des Königs Chefren aus dem Taltempel seiner Pyramidenanlage in Giseh. 4. Dynastie, um 2500 v. Chr. Diorit. Höhe 1,68 m. Ägyptisches Museum, Kairo. Das Haupt des Königs wird hinten, von vorne unsichtbar, von den Schwingen des Horusfalken umfangen.

Abb. 9 Rekonstruktion des Pfeilersaals des Taltempels der Chefrenpyramide. Vgl. Abb. 7. (Nach U. Hölscher.)

11 H. Ricke, Bemerkungen zur Baukunst des Alten Reiches II, Kairo 1950, S. 36.
H. Junker, Giza VI, Wien u. Leipzig 1943, S. 8 ff.

len, unerschlossen, wenn nicht Vergleiche mit bekannten Ritualen (etwa aus den Pyramidentexten) oder späteren Tempeln weiterhelfen. Immerhin läßt sich soviel erkennen, daß es seit Cheops fünf Kammern gibt, in denen wohl fünf Königsstatuen aufgestellt gewesen waren, die den fünf Namen des Königs entsprochen haben könnten, welche er nach seiner Thronbesteigung trug.[11] Reliefbruchstücke von Totentempeln der 5. Dynastie zeigen den vergöttlichten König den Göttern opfernd oder von ihnen etwas empfangend, wie wir es von den Tempeln des Neuen Reiches kennen (Fig. 10). Es sind Szenen aus dem Leben des Pharaos, wie Jagd im Papyrus-Dickicht, Wüstenjagd, Empfangen der Flotte, etc. – Aus all diesen Hinweisen wird deutlich, daß es

Abb. 10 Blick von der Pyramide des Sahure (5. Dynastie, um 2440 v. Chr.) auf Totentempel und Aufweg. Im Vordergrund der von einer Mauer umschlossene und mit Säulen umstandene offene Hof. Vgl. Fig. 8.

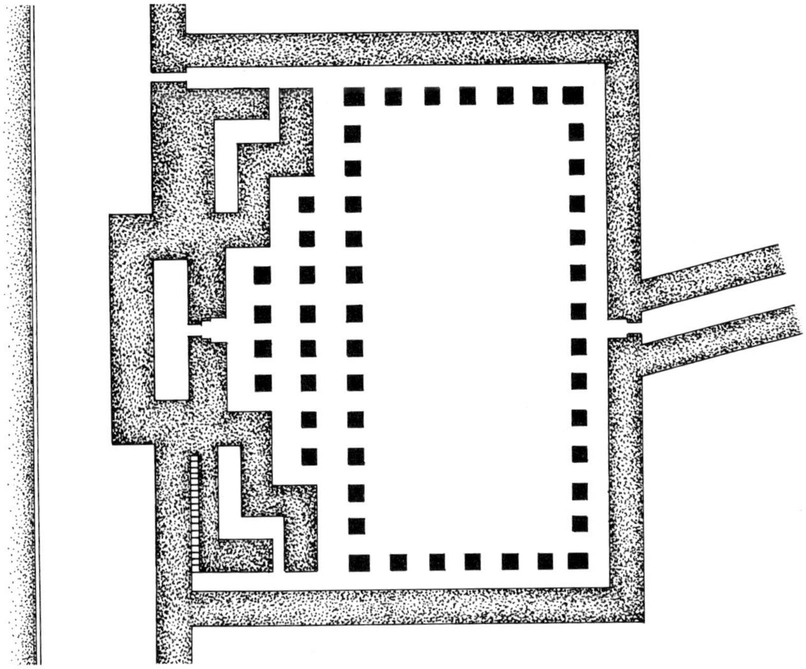

Fig. 6 Grundriß des Totentempels der Pyramidenanlage des Cheops. 4. Dynastie, um 2540 v. Chr.

Fig. 7 Grundriß des Totentempels der Pyramidenanlage des Chefren. 4. Dynastie, um 2500 v. Chr.

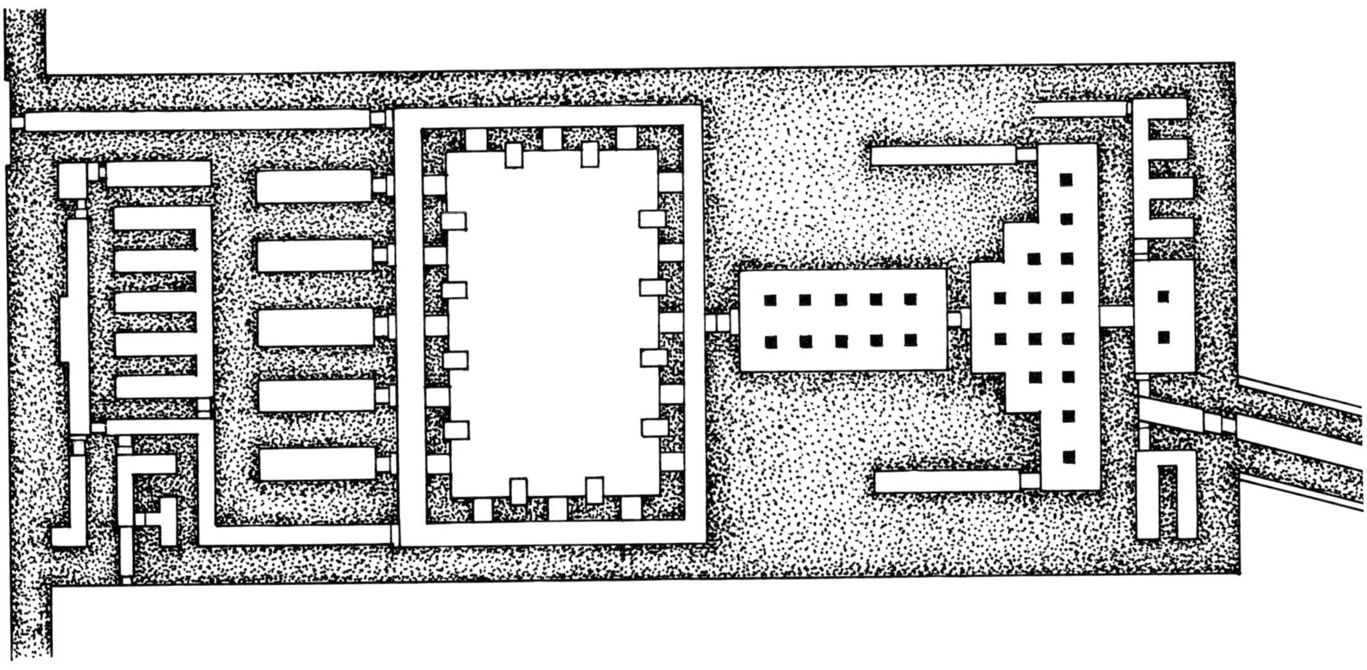

Abb. 11 Steinlagen an der Südwestecke der Cheopspyramide. Man beachte die vier Personen, die gerade die Pyramide ersteigen (Bildmitte). Durchschnittliche Höhe einer Steinlage ca. 105 cm.

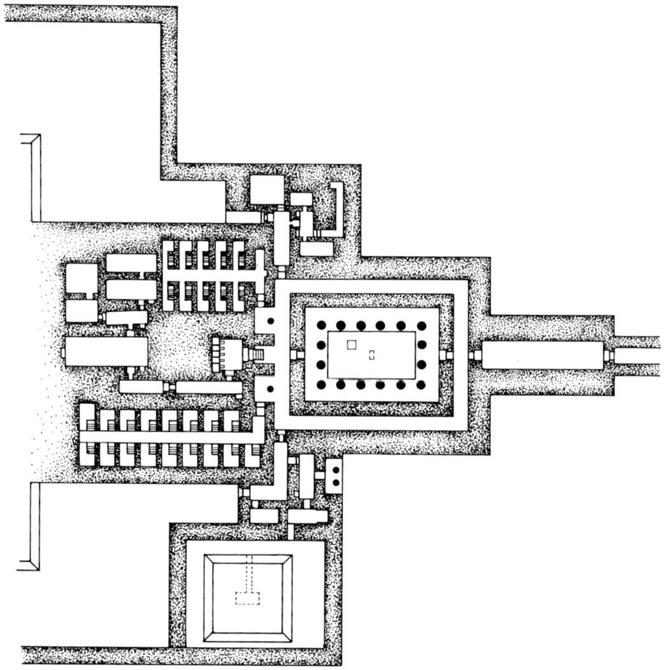

Fig. 8 Grundriß des Totentempels der Pyramidenanlage des Sahure. 5. Dynastie, 2440 v. Chr.

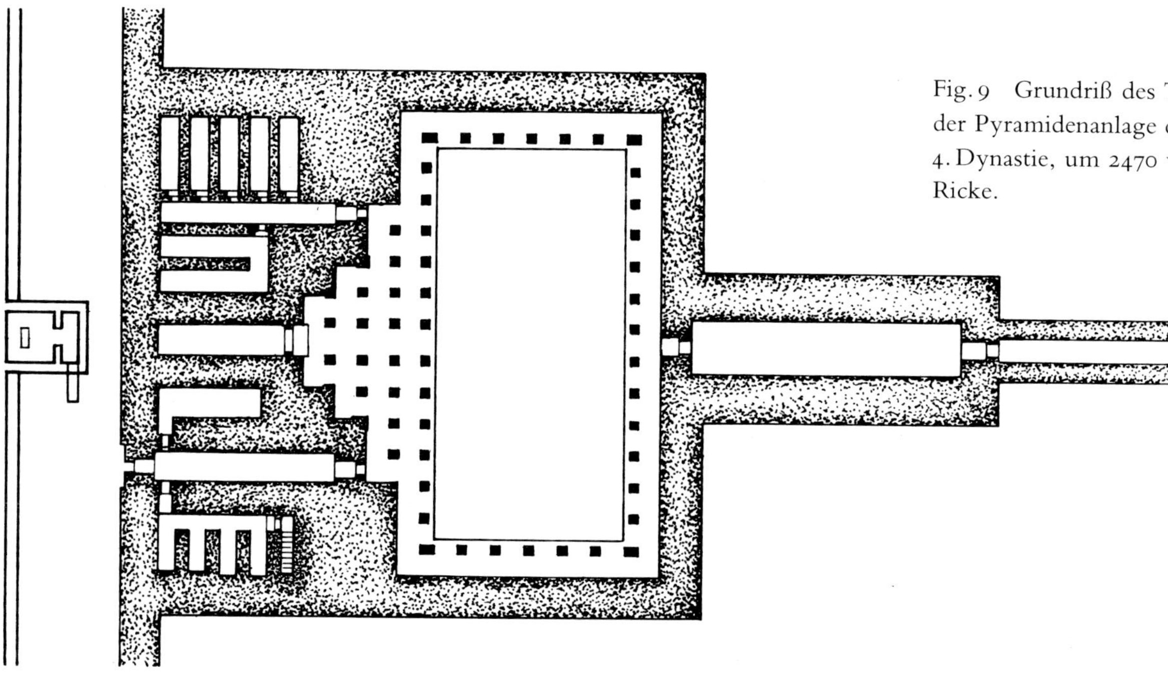

Fig. 9 Grundriß des Totentempels der Pyramidenanlage des Mykerinos. 4. Dynastie, um 2470 v. Chr. (nach Ricke.

Abb. 12 Die Spitze der Chefrenpyramide von der Cheopspyramide aus gesehen. Die Spitze der Chefrenpyramide hat ihre ursprüngliche Kalksteinverkleidung noch gut bewahrt. Deswegen können wir uns hier am ehesten eine Vorstellung bilden von dem Aussehen des hellen, präzise geformten Kristalls, den die Pyramide einstmals darstellte.

Abb. 13 Die Pyramiden von Giseh von Südwesten. Im Vordergrund die Pyramide des Mykerinos (mit ihren drei Nebenpyramiden), hinten die Pyramide des Chefren. Die ehemalige Umfassungsmauer um die Mykerinospyramidenanlage ist gerade noch als Spur im Sand zu erkennen.

Abb. 14 Die Pyramiden des Mykerinos (vorn) und des Chefren (hinten) von Südwesten. Im Vordergrund eine der kleinen, stufenförmig gebauten, Nebenpyramiden der Mykerinospyramidenanlage.

Fig. 10 Flachrelief aus dem Totentempel des Sahure in Abusir. 5. Dynastie, um 2440 v. Chr. Der König wird im Beisein von Göttern von einer Göttin, seiner Mutter, gestillt.

sich bei den Totentempeln um Verehrungsstätten für den vergöttlichten Pharao handelt. Auffällig ist die enge Beziehung zwischen König und Sonnengott, denn in späteren Tempeln ist ein offener Hof mit Altar eine Verehrungsstätte für den Sonnengott. Die Kombination von Sonnen- und Toten-Verehrungsstätte erhält aber ihren Sinn erst durch ein tieferes Verständnis des Sonnenlaufes (vgl. das folgende Kap.). Ab der 5. Dynastie werden die beiden Aspekte dann auch stärker voneinander abgelöst und für jeden Kultzweck eigene Heiligtümer errichtet.[12]

Nach dieser mehr äußerlichen Beschreibung der Pyramidenanlage wollen wir nun versuchen, uns vorzustellen, wie die einzelnen Bauformen auf diejenigen Ägypter gewirkt haben mögen, die im Innern der einzelnen Tempel den Kult zu vollziehen hatten. Dabei werden wir die Aufmerksamkeit nur auf diejenigen Eindrücke lenken, die die Seele des Beschauers von den Baugliedern selbst empfangen konnte, und alles das unberücksichtigt lassen, was durch die Ritual- und Opferhandlungen, die in den verschiedenen Räumen stattfanden, angeregt worden ist.[13]

Betrat der Ägypter, aus der Alltagswelt des betriebsamen Landes kommend, den *Taltempel*, so hatte er alles zurückzulassen, was ihn an die profane Welt erinnerte. Das Auge mußte sich erst an das spärliche Licht gewöhnen, ehe sich dem Eintretenden eine Welt von völlig anderem Charakter auftat. Von milder Farbigkeit umgeben, in der die polierten roten, schwarzen und weißen Steine schimmerten, wurde die Seele in eine Stimmung versetzt, die sie für heiliges Geschehen aufnahmefähig machte. Das Bewußtsein wurde auf einen Innenraum gelenkt, der in Form und Material ganz auf die Ewigkeit hinwies. Keine Pflanze, kein Wasser, kein lebendiges Wesen, kein Bild aus der wandelbaren Welt der Erscheinungen, aus der der Beschauer kam und die er durch seinen Eintritt in den Taltempel verlassen mußte, konnte den Blick fangen. Hier wirkte die ernste Sphäre der Dauer.

Solcherart eingestimmt auf das Kommende, wurde der Weg betreten, der zur Pyramide führte. Auch dieser Aufweg war dunkel, fast lichtlos, abgeschlossen zur Umgebung. Seine Beleuchtung erhielt er durch einen schmalen Schlitz in der Mitte der Decke. Die Aufmerksamkeit wurde ganz auf das eigene Schreiten gelenkt, das, nur von der Lichtschiene, der *Maat*[14] geleitet, aufwärts führte zum Göttlichen, zu Totentempel und Pyramide. Wer sich der göttlichen Sphäre nähern will, muß einen Weg beschreiten – ein Erlebnis, das jeder Tempel Ägyptens dem Eintretenden vermittelte. Im »Alten Reich« führt der Weg nach oben, als Auf-Weg.

12 In den ab der 5. Dyn. neu auftretenden »Sonnenheiligtümern«, die alle einen offenen Hof vor einem riesigen Obelisken aufweisen, sehe ich eine Verselbständigung der Verehrung des Tagesaspektes der Sonne, die in der 4. Dyn. die Ost-Westachse der Pyramiden-Anlagen mit zu übernehmen hatte. Vgl. S. 99.

13 Denn daß die Art des Erlebens des Göttlichen in die Bauformen eingeprägt worden ist, und man aus ihnen diese Erlebnisse wieder herausholen könne, ist ein Gesichtspunkt, der diesem Buch zugrunde liegt.

14 Vgl. S. 63 und ZÄS 97/1971, S. 145 wo W. Westendorf darauf aufmerksam macht, daß die erhaltenen Deckblöcke des Aufweges zur Unaspyramide im Querschnitt die Form der Hieroglyphe für Maat zeigen.

Die sich steigernde Erwartung während des Gehens wird in einem Vorraum des Totentempels, in den der Aufweg mündet[15], zur Ruhe gebracht und konzentriert. Wird nun die Tür zum Hof geöffnet und durchschritten, so muß der Anblick, der sich da dem Auge bot, überwältigend gewesen sein (Fig. 11). Man darf nicht vergessen, daß während der Handlungen im Taltempel, während des Aufweg-Ganges und während des Aufenthaltes im Vorraum das Auge sich an die äußerst schwachen Lichtverhältnisse angepaßt hatte. Und nun die plötzliche Lichtflut der hellglänzenden, sich riesenhaft erhebenden Pyramide – ein offenbares Bild für die Verbindung des Sonnengottes mit der Erde. Übermächtig war der Eindruck, den der Eintretende dort empfing: Er ist dem Gott begegnet, der im Licht lebt und der den Raum schafft, mit Osten, Westen, Norden, Süden, damit die Wesen des Kosmos zur Erscheinung kommen können. Hinfort wußte[16] der

15 Chefren wiederholt sogar nochmals die Raumordnung des Taltempels.

16 Der Ägypter hat kein Wort für »glauben« in seiner Sprache, es gibt für ihn nur das Wort »wissen« (rḫ).

Fig. 11 Blick vom Hof des Totentempels auf die Pyramide. Rekonstruktion.

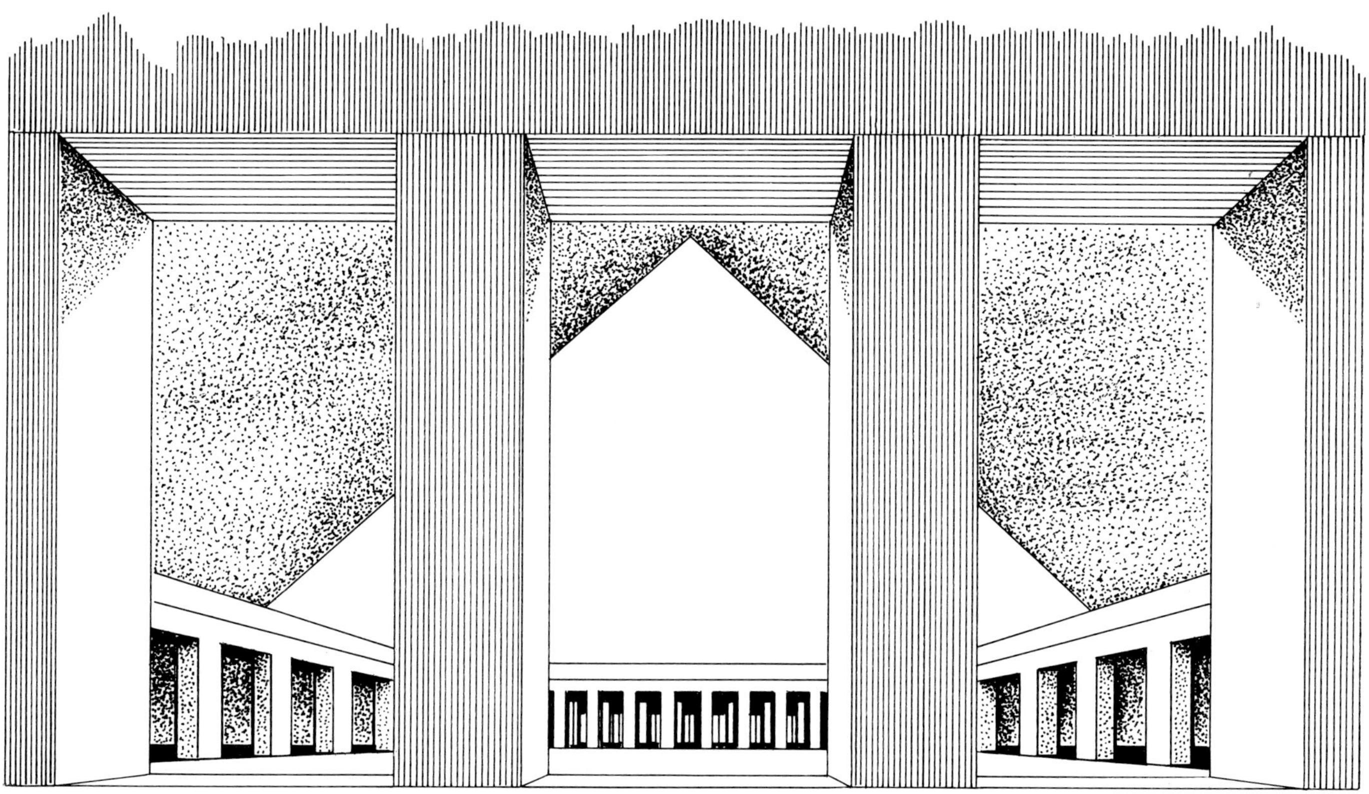

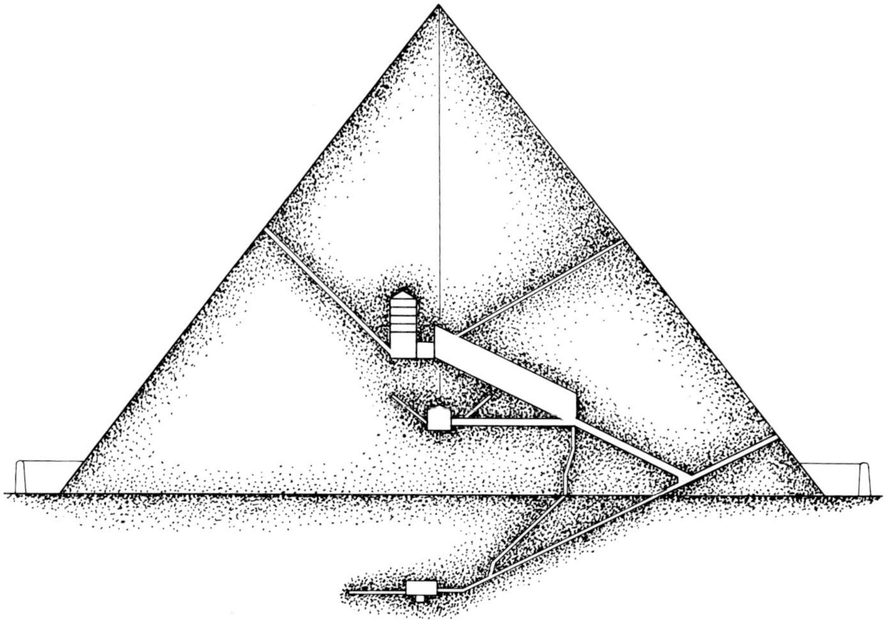

Fig. 12 Die Pyramide des Cheops, Schnitt von Osten.

Ägypter von dieser Begegnung. Sie gab ihm Kraft, seine eigene Aufgabe, sich mit der irdischen, noch nicht gottverlassenen Welt auseinanderzusetzen, zu ergreifen (Abb. 11, 12, 13, 14).

Auch die Form der Pyramide erschließt sich dem Verständnis, insofern in ihr wieder dasselbe Erlebnis enthalten ist: das Einziehen des Sonnengottes ins Irdische. Denn das Dreieck war zu allen Zeiten ein Symbol für das Göttliche, und dieses verbindet sich in Ägypten mit dem quadratischen Grundriß, den vier *Himmels*-Richtungen auf der *Erde*.[17] Nur war das Erden-Viereck noch verborgen, dem Sinnesblick unsichtbar![18]

Äußerlich sind alle Pyramiden ähnlich. Wie schon bemerkt, variieren ihre Neigungswinkel um einige Grade (der Mittelwert beträgt ca. 50°) und differieren ihre Größen (von ca. 50 bis 230 m Seitenlänge des Grundquadrates), aber ihre Form ist immer dieselbe. Ganz anders ist es im Pyramideninnern. Da ist fast jede Pyramide von der anderen völlig verschieden. Die einzige Übereinstimmung besteht darin, daß die von außen unsichtbare Mündung des Ganges (oder der Gänge), der zu den Innenräumen hinabführt, immer im Norden der Pyramide liegt. In je-

17 Vgl. das Pyramidion Amenemhêts III., das auf der Nordseite von der Verbindung des Ba des Königs (s. S. 25) mit den nördl. Sternen (Circumpolarsterne) berichtet.

18 Erst beim griechischen Tempel ist das Dreieck mit dem Viereck auch sichtbar verbunden.

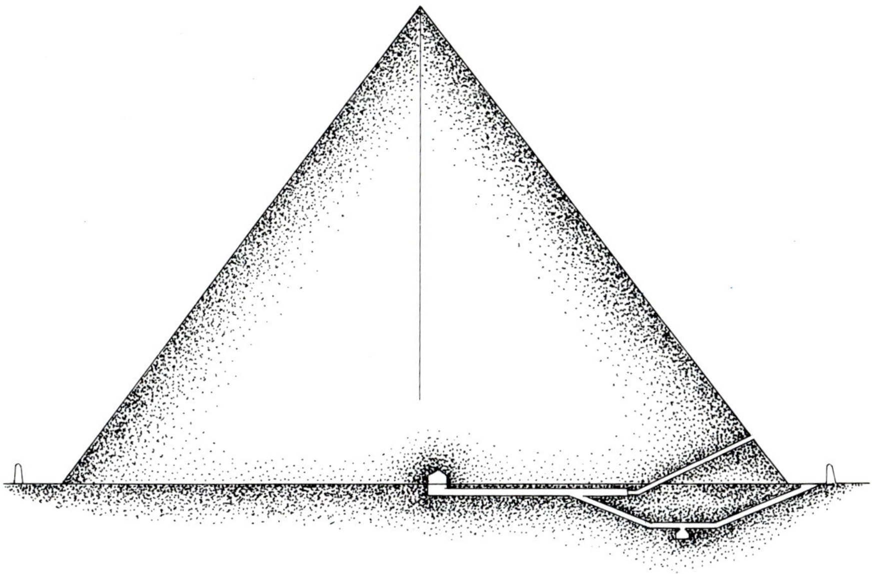

Fig. 13 Die Pyramide des Chefren, Schnitt von Osten.

der Pyramidenanlage müssen wir damit zwei Hauptrichtungen unterscheiden. Die eine davon ist offenbar, sie führt von Osten (Taltempel) nach Westen (Totentempel); an ihrem Ende, entsprechend dem Untergangsort der Sonne, liegt die Pyramide. Die andere Richtung dagegen führt, von außen unbemerkbar, in das Innere der Pyramide, von Norden nach Süden. In ihrer Qualität sind also die beiden Richtungen ganz verschieden. Im nächsten Kapitel wird sich zeigen, daß auch hier wieder die Sonne im Verhältnis zur Erde angeschaut werden muß, um den Schlüssel zur Deutung dieser Unterschiede zu finden (Fig. 12, 13, 14, 15).

Der Ähnlichkeit aller Pyramiden nach außen und der völligen Verschiedenheit im Innern läßt sich die Institution des ägyptischen Königtums vergleichen: Nach außen waren sich alle Pharaonen ähnlich, alle hatten dieselben Aufgaben zu übernehmen, dieselben Traditionen zu hüten und dieselben Rollen auszufüllen[19], aber innerlich stand jeweils eine eigene Individualität dahinter. Auch die Pyramiden zeigen diese »Individualität« ihrer Erbauer nur in ihrem Innern. Erst ganz am Ende der 6. Dynastie werden auch die Innenräume kopiert – ein Zeichen von

19 Vgl. E. Hornung, Geschichte als Fest, Darmstadt 1966.

Fig. 14 Die nördliche Pyramide Snofrus (4. Dynastie) in Dashur, die sog. »Rote Pyramide«. Schnitt von Osten und Grundriß.

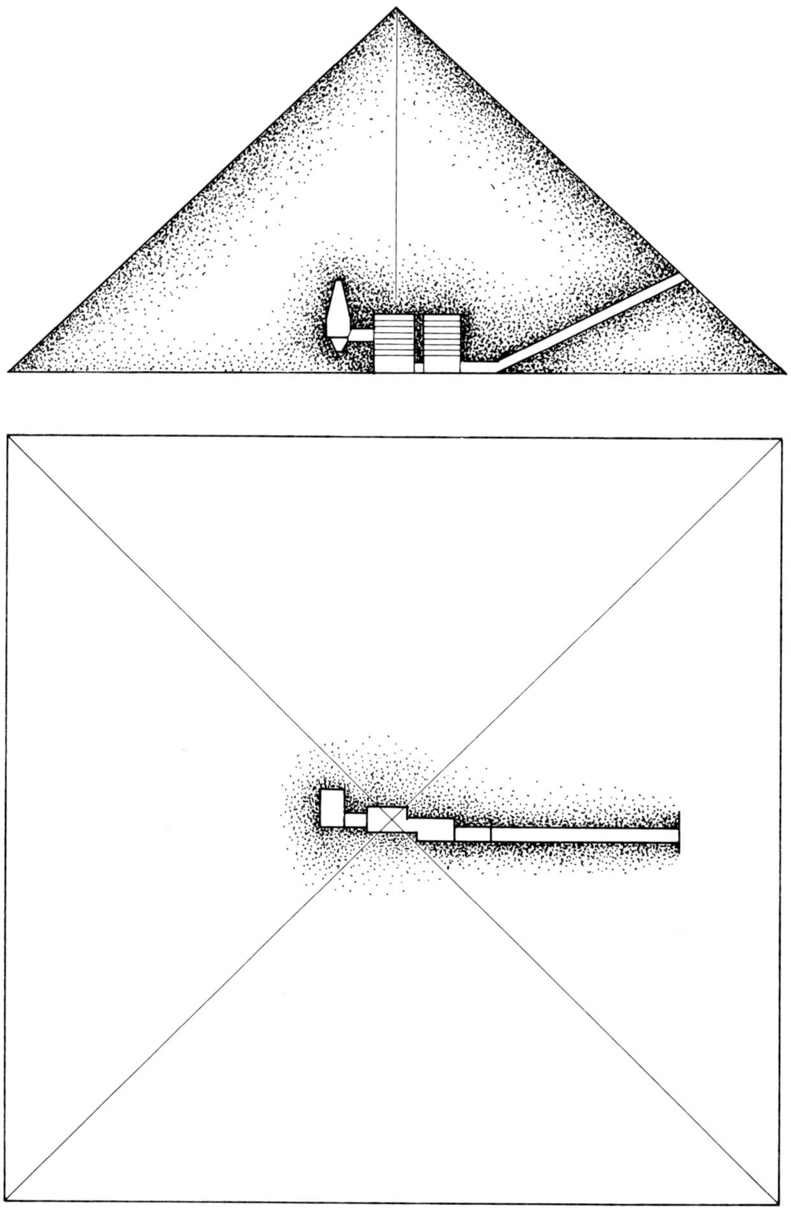

innerem Verfall. Da auch die Tal- und Totentempel von jedem Pharao verschieden gestaltet worden sind, hat man eine Entsprechung zwischen den Innenräumen der Pyramide und der Abfolge der Räume im Tal- und Totentempel vermutet.[20] Inwiefern dieser Zusammenhang

20 H. Ricke und S. Schott, Beiträge zur Bauforschung Heft 5, Kairo 1950, S. 124 f.

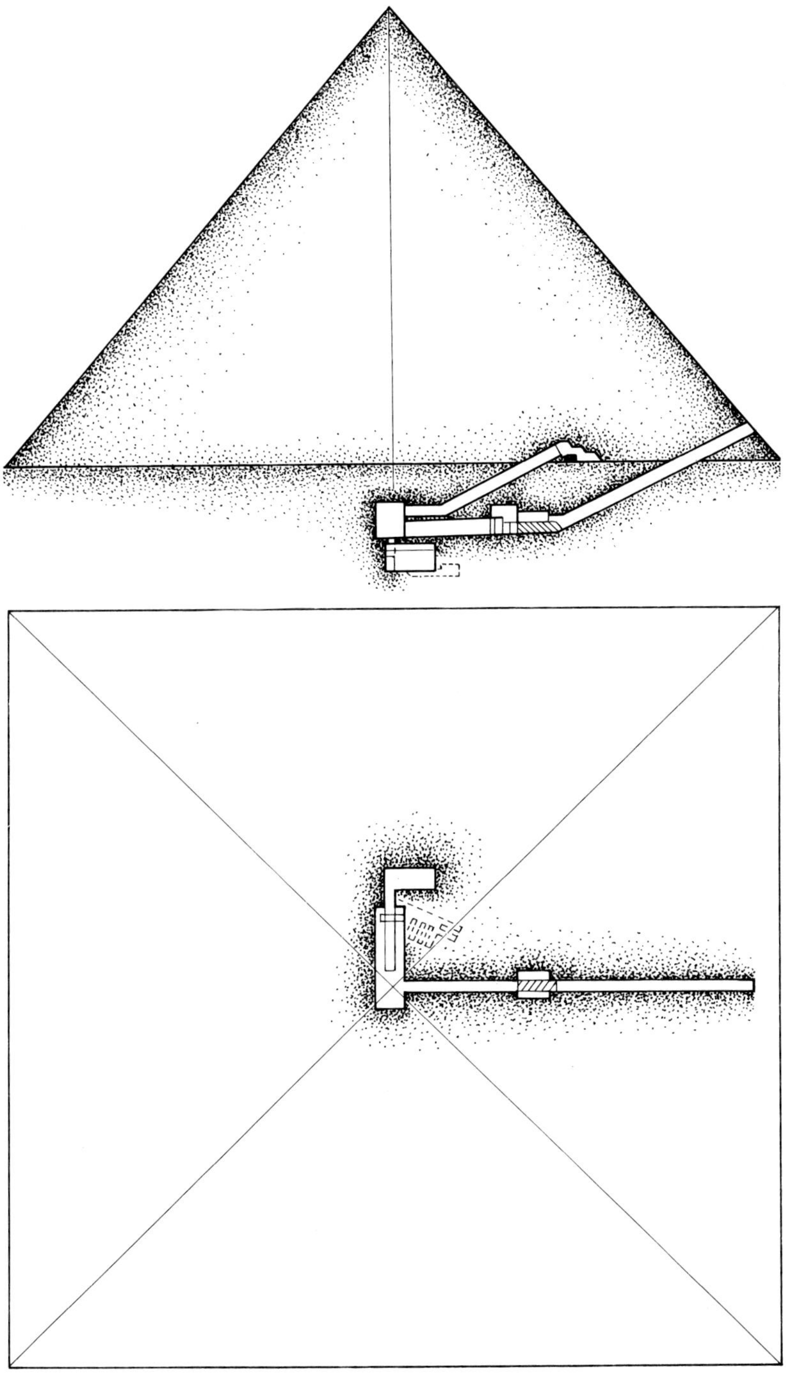

Fig. 15 Die Pyramide des Mykerinos. Schnitt von Osten und Grundriß. Der Ähnlichkeit aller Pyramiden von außen entspricht keine Ähnlichkeit in ihrem Innern. Da sind sie völlig verschieden voneinander. Jede Pyramide hat ihre eigenen, ganz »individuell« gestalteten Innenräume.

von unserer Sicht aus berechtigt ist, werden die folgenden Kapitel zeigen.

Bis zum Ende der 5. Dynastie sind alle Innenräume der Pyramiden ohne Inschrift. Mit Unas beginnt die Sitte, die innersten Kammern mit Sprüchen zu beschriften, die auf das nachtodliche Leben des Pharaos Bezug nehmen. Diese Sprüche faßt man heute als »Pyramidentexte« zusammen. Ihr Verständnis wäre Voraussetzung für eine genauere Deutung der Pyramiden. Obwohl wir den Wort-Inhalt ziemlich sicher übersetzen können, bleibt uns der wirkliche Inhalt dieser Bildersprache doch noch großenteils verschlossen. Das Ur-Bild aber, das die Grundlage für alles weitere Verständnis der ägyptischen Kultur abgibt und das auch die Pyramidentexte bestimmt, soll im folgenden angeschaut und durchsichtig gemacht werden.

## Der tägliche Lauf der Sonne als Urbild von Einweihungserlebnissen

*Berührt dich Gottes Geist mit seiner Wesenheit,*
*So wird in dir geboren das Kind der Ewigkeit.*

ANGELUS SILESIUS

*Weit und ermüdend ward mir die Wallfahrt zum heiligen Grabe, drückend das Kreutz. Die krystallene Woge, die gemeinen Sinnen unvernehmlich, in des Hügels dunkeln Schooß quillt, an dessen Fuß die irdische Flut bricht, wer sie gekostet, wer oben stand auf dem Grenzgebirge der Welt, und hinübersah in das neue Land, in der Nacht Wohnsitz – warlich der kehrt nicht in das Treiben der Welt zurück, in das Land, wo das Licht in ewiger Unruh hauset.*

NOVALIS, aus der 4. Hymne an die Nacht

JEDEN MORGEN ERHEBT SICH die neugeborene Sonne über den östlichen Horizont, in kraftvoller Frische die aufleuchtende Welt erwekkend. Höhersteigend, wärmer, heller und heißer werdend, verbreitet sie in ihrer höchsten Stellung zu Mittag strahlenden Glanz. Abwärts gleitend, wieder milder werdend, sinkt sie gen Westen, um schließlich als rote, dunkle Sonne zu entschwinden – zu sterben. Eine kurze Phase purpurleuchtenden Himmels leitet hinüber in die einfallende Nacht, in deren Dunkel die unendlichen, ruhig dahinziehenden Sternenwelten tiefen Frieden verbreiten. Die Welt versinkt in Schlaf – bis ein neuer Zyklus anhebt. Tag für Tag.

Kaum einmal wird dieses immer und immer wiederholte Schauspiel durch Wolken verhüllt. Und es ist kein Wunder, daß der tägliche Sonnenlauf für die alten Ägypter die Grundtatsache ihres Weltverständnisses war. Die Sonne selbst wurde als Wesen erlebt, aber als ein Wesen, das sich mit den Wandlungen der äußeren Sonne im Laufe des Tages mitverwandelt: Es wird neu geboren bei Sonnenaufgang, ist jung am Morgen, wird erwachsen gegen Mittag, altert zum Abend und stirbt im Sonnenuntergang. Während der Nacht bleibt die Sonne zwar unsichtbar für die Tageswelt, doch ist sie deswegen noch nicht aus dem Bewußtsein des Ägypters entschwunden. Sie durchzieht die »Unterwelt«, wird dort verjüngt und kann als Kind am Morgen neu geboren werden.

Jeder Phase des Sonnenlebenslaufes hat der alte Ägypter einen eigenen Namen gegeben. So heißt die Morgensonne *Chepri* (geschrieben mit dem Skarabäus) oder *Horus* (als Kind), die Mittagssonne *Re* (dargestellt als fliegende Sonnenscheibe oder als Horusfalke oder auch als falkenköpfige Gestalt im Sonnenschiff), die Abendsonne *Atum* und schließlich die Nachtsonne *Osiris*. Wir müssen aber festhalten, daß es sich um ein und dasselbe Wesen handelt, das sich in dauernder Verwandlung befindet.[21]

Dieses sich dauernd wandelnde Wesen des Sonnengottes faßte der Ägypter durch »Begriffe«, die lebendig und beweglich waren und sich ständig mitverwandeln konnten. So nannte er in manchen Texten und Bildern alle vier Namen des Sonnengottes zusammen.[22] Dadurch wurde in ihnen etwas vom wirklichen Wesen der Sonne – nämlich in

21 Hier wird nur ein Aspekt der sich verwandelnden Sonne betrachtet. Natürlich gibt es auch noch andere Aspekte derselben Götter, die neben den hier geschilderten gelten.

22 Z. B. erscheinen in der ersten Stunde des »Amduat« (siehe: E. Hornung, Das Amduat, Wiesbaden 1963)

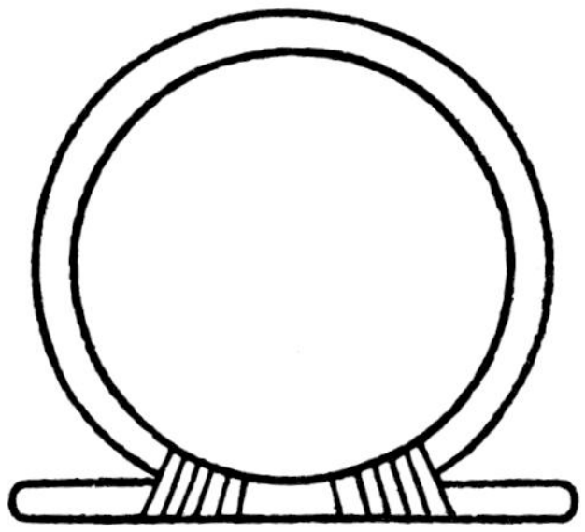

Fig. 16 Der Šn-Ring.

dauernder Wandlung zu sein – erlebt. Ein anderer Begriff dieser Art ist »šnj« – umkreisen (Fig. 16), verbildlicht durch ein ringförmig gebundenes Seil. Der šn-Ring erscheint immer da, wo auf das Geheimnis des Sonnenkreislaufes aufmerksam gemacht werden soll. Innerhalb dieses Kreislaufs gibt es zwei Schwellen: die Übergänge von Tag und Nacht, wo die Metamorphose vom Unsichtbaren ins Sichtbare und umgekehrt stattfindet. Der Ägypter hat sie die »beiden Horizonte« genannt.

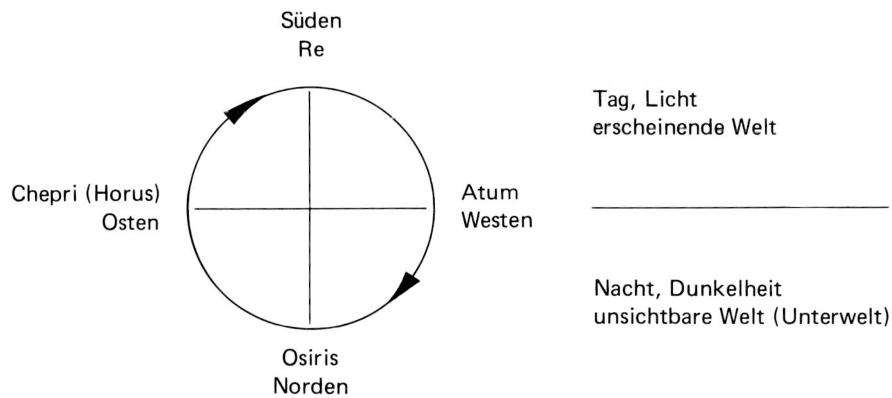


Da der Sonnengott diese Übergänge durch seine eigene Bewegung bewirkt, ist er der Herr der Zeit, der Horizonte und der Verwandlung. So wird er angesprochen als der, »der die Jahre erschafft und die Monate knüpft, Tage, Nächte und Stunden«[23]. Die Zeit wird dann an der räumlichen Konstellation der Sonne abgelesen. Sowohl der Tag- als auch der Nachtbereich wird in zwölf Stunden unterteilt, entsprechend den zwölf Wegstrecken des Sonnengottes. Was in den Stunden des Tages geschieht, ist allen miterlebbar. Es ist der Lebensweg des Sonnengottes, von Geburt bis Tod, von Sonnenaufgang bis Sonnenuntergang.

In diesen Weltenrhythmus ist der Mensch eingebunden, indem sein waches, weltorientiertes Tagesbewußtsein wechselt mit einem dumpfen, kaum bemerkten Schlafbewußtsein. Das eigentliche Wunder in diesem alltäglichen Vorgang ist die lebenserneuernde Kraft der Nacht. Was bewirkt denn, so fragt der Ägypter, das nächtliche Jungwerden der Sonne und des mit ihr verbundenen göttlichen Wesens, an dem er erlebt hat, daß es im Laufe des Tages altert und bei Sonnenuntergang

vier Stelen mit den Weisungen von Re-Atum-Chepri-Osiris. In der siebten Stunde desselben Buches gibt es vier Gräber mit den Bildern von Atum, Chepri, Re und Osiris. Auf der Sphinxstele Thutmosis IV. wird der Sonnengott »Horus im Horizont-Re-Atum« genannt (Urk. IV, 1542). Im Papyrus Chester Beatty XI (Brit. Museum 10691) sagt der Sonnengott von sich: »Ich bin Chepri am Morgen und Re am Mittag und am Abend Atum« (A. H. Gardiner, Hieratic Papyri III, London 1935, S. 118).

Außerdem kann aber auch ein Name des Sonnengottes mehrere der oben genannten Aspekte umfassen. So kann z. B. Re (im Neuen Reich) den Tagesaspekt des Sonnengottes wie auch stirbt? Was bewirkt denn das Jung- und Frischwerden der Kräfte des menschlichen Leibes während des Schlafes, nachdem er erschöpft von des Tages Arbeit abends ins Bett sinkt? Was geschieht in den Stunden der Nacht, was geschieht mit Re nach seinem Untergang, seinem Tod?

Für den Ägypter geht diese lebenserneuernde Tätigkeit von einem gewaltigen Wesen aus, das er in allen Erscheinungen der Natur und des Kosmos als wirksam erlebt, von der Göttin Isis. Sie ist die Herrin aller bewegenden, gestaltenden und leibbildenden Kräfte der Welt. Er kennt sie als ein Wesen mit vier Gliedern, den vier Himmelsrichtungen entsprechend. Ihr Leib, der die ganze Welt umspannt, ist sternenübersät, ihr Inneres von dem das Leben ermöglichenden Urgrund der Welt, vom Nun, erfüllt:

»Ich bin Isis, die Herrscherin jedes Landes,
ich bin die Frau und die Schwester des Königs Osiris,
ich bin die Mutter des Königs Horus, ...
ich habe die Erde vom Himmel getrennt,
ich habe den Weg der Sterne gewiesen,
ich habe die Bahn der Sonne und des Mondes geregelt, ...
ich bin die Herrin der Flüsse, der Winde und des Meeres.«[24]

Für das bildhafte Denken des Ägypters stellt sich der Vorgang des täglichen Sonnenlaufs nun so dar, daß der Sonnengott am Morgen geboren wird, als Horusfalke oder geflügelte Sonne über den Tageshimmel (die Außenseite des Leibes der Isis) fliegt, bei Sonnenuntergang in den Kopf der Isis eintritt und damit aus dem Bereich der Sichtbarkeit entschwindet. Das Verschlucken des Sonnengottes durch Isis wird als Zeugung aufgefaßt, die die Entstehung des Horus, der neuen Sonne einleitet, die dann am Morgen wieder neu geboren wird:

»Ich bin Isis, die strahlender und erhabener ist als jeder Gott. Der Gott, der in meinem Leibe ist, der Same des Osiris ist er, ... der Erbe des Osiris ist er, ... komm, komm heraus auf die Erde, ... mein Sohn Horus«![25]

Die neugeborene Sonne, das Horuskind, wächst heran, fährt über den Tageshimmel, wird zu Atum, stirbt, d.h. wird zu Osiris, befruchtet

den Nachtaspekt umfassen, nur wird dieser im Bilde anders dargestellt (widderköpfig). Auch können Namen von anderen Göttern, die sich in ihrer Funktion mit bestimmten Aspekten des Sonnengottes decken, für diese Aspekte vollgültig eintreten. So z.B. der Name Amun für den ganzen Kreislauf (siehe Seite 55), der Name Ptaḥ für Osiris usw.

23 Jan Assmann, ÄHG, Nr. 133.

24 Ausgewählt aus einer griechischen Isis-Aretalogie, die aber in ihren Einzelaussagen auf bekannte ägyptische Aussagen zurückgeführt werden kann. Aus: Dieter Müller, Ägypten und die griechischen Isis-Aretalogien, Berlin 1961.

25 CT 148, 216a.

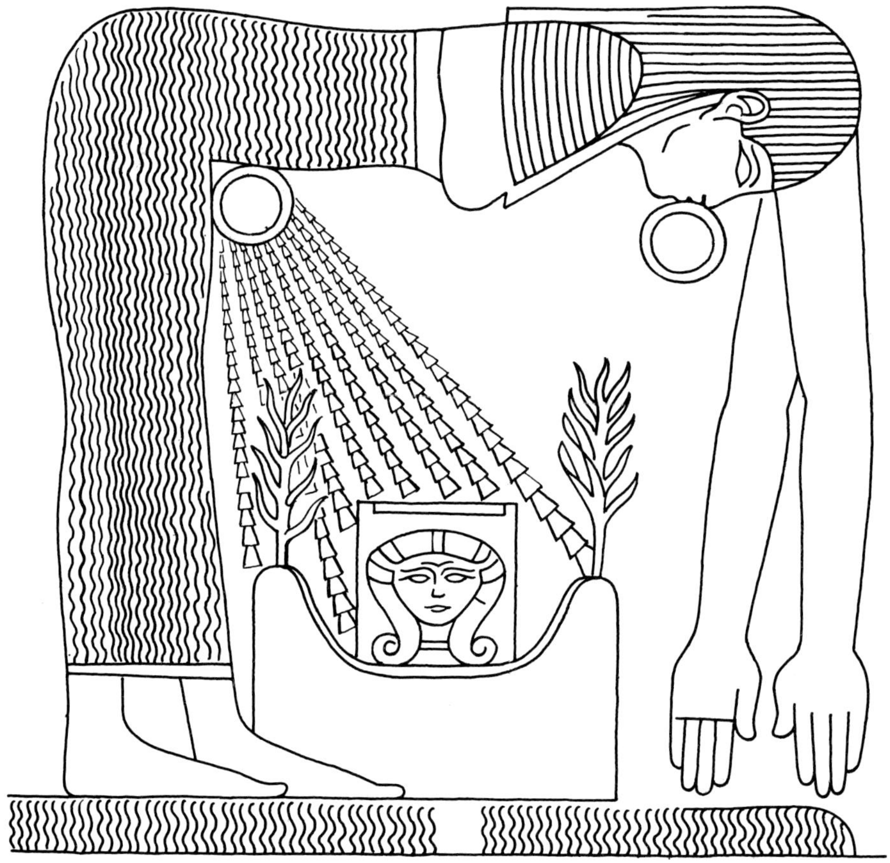

Fig. 17 Die Himmelsgöttin (hier Nut) aus dem Hathortempel von Dendera (nach Westendorf).
Die Göttin beugt sich über die Erde, auf der hier der Hathortempel von Dendera steht, der von den Strahlen der Morgensonne getroffen wird. Ihre Arme und Beine bilden die vier Himmelsstützen. Die Sonne wird zweimal abgebildet, einmal am Kopf, der Abendsonne entsprechend und einmal zwischen den Schenkeln, die neugeborene Sonne darstellend.

die Isis, und ein neuer Zyklus beginnt (Fig. 17). In diesem Kreislauf ist der Sonnengott zugleich Sohn (als Horus) und Gatte (als Osiris) der Isis – Sohn und Vater sind eins!

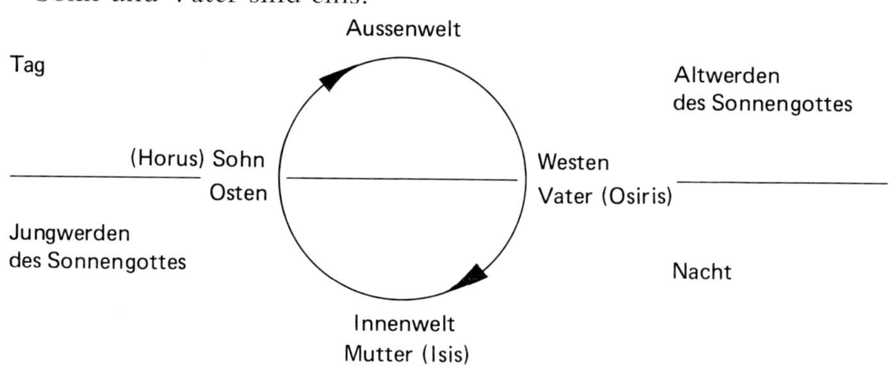

In dieser Funktion, der verjüngende Faktor im Sonnenlauf zu sein, kann Isis durch andere Himmelsgöttinnen ersetzt werden. So durch Hathor, Nut, Naunet, Mafdet. Auf den Namen kommt es den Ägyptern dabei nicht an, die Funktion muß jedoch die gleiche sein. Wir erfassen hier ein wichtiges Prinzip der ägyptischen Religion, nämlich das, daß sich Götter nur durch ihre Funktionen unterscheiden lassen, d.h. durch Beachtung ihrer Tätigkeiten in bestimmten Zusammenhängen, und daß es dabei gleichgültig ist, ob es z.B. an verschiedenen Orten Ägyptens verschiedene Namen für dieselbe Funktion gibt. Isis kann diesen »anderen« Göttinnen entsprechend auch löwen- oder kuhgestaltig erscheinen. Wir finden sie dann z.B. als Himmelskuh abgebildet, deren vier Beine wieder den vier Himmelsstützen entsprechen. Das »im-Innern-des-Himmels-sein« des Sonnengottes bei Nacht, was wir gerade als Wirkung der Isis kennenlernten, wird z.B. durch den Namen der Hathor in ganz besonders schöner Weise verbildlicht. Denn der Name Hathor heißt Palast des Horus und wird mit der Hieroglyphe für Palast 𓉗 geschrieben, in deren Innerem sich der Horus befindet (Abb. 15).
Die Kompliziertheit des ägyptischen Pantheons mit seinen vielen Göttern, die auch noch lokal verschieden benannt und verschieden verbildlicht werden können, reduziert sich, wenn die Funktion der Götter angeschaut wird, auf wenige Grundfiguren. Diese liegen schon von Anfang an der ägyptischen Religion zugrunde und sind ebenso in den Pyramidentexten wie im Totenbuch[26] zu finden. Dabei ist zu beachten, daß sich bestimmte Tätigkeiten in verschiedenen Bildern ausdrücken lassen. Die Fahrt der Sonne über den Himmel kann z.B. sowohl als Flug der Sonne (geflügelte Sonnenscheibe) als auch als Fahrt im Sonnenschiff oder als Fahrt im von Pferden gezogenen Sonnenwagen (wie in Griechenland) vorgestellt werden. Insofern brauchen sich verschiedene Bilder nicht zu widersprechen. In ägyptischen Texten werden auch verschiedene Bilder für dieselbe Sache nie als Widerspruch aufgefaßt.[27] Weiter ist zu berücksichtigen, daß von den Göttern nicht so gesprochen werden kann, als ob es sich um Gegenstände handelte, die einfach da wären. Denn ihr Wesen ist überhaupt nur dann zu erfahren, wenn sie tätig sind und ihre Tätigkeiten offenbar werden. Und die Bil-

26 Das Totenbuch stammt aus dem Neuen Reich, die Pyramidentexte sind aus dem Alten Reich.

27 Vgl. dazu z.B. die Kommentierung des 17. Kapitels des Totenbuches.

der, in denen von ihnen berichtet wird, sind nur das Mittel um auf etwas aufmerksam zu machen, was nicht in der sinnlich erscheinenden Welt zu beobachten ist, was ihr aber nach Auffassung der Ägypter zugrunde liegt. Daraus ergibt sich für uns die Aufgabe, diese Bilder wieder lesen zu lernen, sie nicht nur als Mythen und Gestalten hinzunehmen, sondern nach dem zu fragen, was sich in ihnen aussprechen soll.

Wenn also hier der Versuch gemacht wird, eine solche Grundfigur aufzudecken und verständlich zu machen, und dabei abgesehen wird von einer Entwicklung der religiösen Vorstellungen in geschichtlicher Zeit, so bedeutet das nicht eine Verneinung jeglicher Wandlung der ägyptischen Religion im Lauf ihrer langen Geschichte. Was sich wandelt, sind die Bilder und das Verhältnis des Menschen zu diesen Bildern, nicht aber die diesen Bildern zugrundeliegenden Wahrheiten. Denn was wirklich wahr ist, das entsteht nicht und vergeht nicht, sondern hat seine Gültigkeit zu allen Zeiten. Wenn wir z. B. in einem Text aus ptolemäischer Zeit von Isis erfahren, daß sie den Horus geboren und aufgezogen habe, und wir dieselben Handlungen im Alten Reich von einer Himmelsgöttin namens Ipet[28] ausgeführt finden, so darf beider Wesen als identisch angenommen werden. Das heißt natürlich nicht, daß sich die beiden Göttinnen in allen ihren Funktionen völlig decken müssen. Die Begriffe bleiben beweglich, je nach dem Zusammenhang, in dem sie verwendet werden.

Es ist immer ein weibliches Wesen, in das der Sonnengott abends eintritt, das ihn während der Nacht in seinem Innern verjüngt und ihn am Morgen neu gebiert:

»Sei gegrüßt, Amun-Re!
Du bist zur Ruhe gegangen im westlichen Horizont
der Westen ist am Jubeln für dich.
Deine Mutter Isis ist der Schutz deines Leibes.«[29]

»Tritt hervor, indem du heil bist,
zwischen den Schenkeln deiner Mutter Isis,
sie gebiert dich,

28 PT Spruch 269, § 381a.

29 LL, S. 57.

du bist geworden zu dem an Geburt Verjüngten.
Du wirst zu Re.«[30]

Wenn also der Sonnenlauf von außen angeschaut wird, nimmt der Ägypter die einander abwechselnden Aspekte dieses Ganges in drei göttlichen Wesen wahr – in Vater, Mutter und Sohn.[31]
Derselbe Vorgang kann auch von innen, von seiten des Sonnengottes aus, betrachtet werden. Da zeigt sich dann das sich innerlich immer gleich bleibende Sonnenwesen, das sich nur in seinen Äußerungen wandelt. Es ist sowohl im Tagesaspekt des Sonnenlaufes anwesend, seine strahlende, sinnliche Seite zeigend, als auch im Nachtaspekt, wo es seine schöpferische, gestaltende Seite darlebt: »Drei sind alle Götter: Amun, Re und Ptaḥ. Es gibt keinen der ihnen vergleichbar ist. Der seinen Namen verbirgt als Amun[32], er ist Re im Angesicht, sein Leib ist Ptaḥ.«[33/34] Der eigentliche Sonnengott, so betont dieser Text, sei in seinen beiden Erscheinungsformen verborgen, im Tagesaspekt, wo er sein Angesicht als Re zeigt, und im Nachtaspekt, wo er sich in die Leiblichkeit (als Ptaḥ) ausgestaltet hat. Die beiden Seiten des Welterlebens sind für den Ägypter nur zwei Seiten ein und desselben Wesens: Amun (Abb. 16). Dieses wandelt sich ständig, indem es sich zwischen den beiden Gegensätzen hin und herbewegt, immer beide Welten vermittelnd – ewiglich.
Fassen wir die verschiedenen Schilderungen der Wandlungen des Sonnengottes zusammen, so ergeben sich drei Möglichkeiten, diesen zyklischen Prozeß zu betrachten:

1. Als Vierheit: Der Lauf der Sonne wird so beschrieben, wie er sich von der Erde aus beobachten läßt. Zwei Punkte, Osten und Westen sind ganz besonders auffällig. Sie stehen am Beginn und Ende des »Sonnenlebens« wie Geburt und Tod am Beginn und Ende des Menschenlebens. Dazwischen liegt der Höhepunkt der äußeren Erscheinung der Sonne im Süden und ihre tiefste Stellung in der Unterwelt im Norden. Das Kreuz der Himmelsrichtungen wird somit durch die Bewegung des Sonnengottes im Verhältnis zur Erde festgelegt.

30 LL, S. 57.

31 Es gibt in Ägypten nicht nur die »Triade« Osiris – Isis – Horus, sondern auch andere Göttertriaden gleicher Funktion und Bedeutung, z. B. Horus – Hathor – Ihi oder Ptaḥ – Mafdet – Nefertem. Dabei ist es für alle Triaden bezeichnend, daß der »Vatergott« mumiengestaltig dargestellt wird.

32 Amun heißt »Der Verborgene«.

33 Ptaḥ hat hier dieselbe Funktion wie Osiris. Vgl. dazu J. Spiegel, die Götter von Abydos, Wiesbaden 1973, S. 19 f, 59 f, 79.

34 Leidener Amunshymnus, bearbeitet von A. H. Gardiner in ZÄS 42/1905, S. 36 ff.

Abb. 15 Hieroglyphische Beischrift zu einer Szene, die den König opfernd vor Hathor zeigt. Aus dem Grab des Haremhab, im Tal der Könige, 18. Dynastie, um 1310 v. Chr. Der Name der Hathor wird mit der Hieroglyphe für Palast geschrieben, in deren Innerem sich der Horusfalke befindet, d.h. er ist im »Palaste des Horus« (Hathor). Übersetzung der ganzen Beischrift: »Ich bin gekommen, damit ich dein Schutz bin. Es spricht Hathor, das Oberhaupt von Theben, die Herrin des Himmels, die Gebieterin (der Götter).«

2. Als »Triade« Vater – Mutter – Sohn: Der Lauf der Sonne wird so beschrieben, daß darauf aufmerksam gemacht wird, was diesen Sonnenlauf bewirkt. Auf die Kräfte wird hingeblickt, die den Sonnengott des nachts verjüngen und das Leben des Kosmos in Gang halten. Der Vater befruchtet, die Mutter verjüngt und gebiert, der Sohn wächst auf und übernimmt die ehemalige Stellung des Vaters.
3. Als »Trinität«: Der Lauf der Sonne wird so beschrieben, wie er vom Innern des Sonnenwesens aus erlebt wird. Das Gesetz wird entdeckt, daß die Welt nur durch zwei große Gegensätze (Außen- und Innenwelt) zu verstehen ist, die gar nicht allein existieren können, sondern immer durch ein sie vermittelndes Wesen verbunden gedacht werden müssen. Die drei Götter sind in ihrem Wesen eine Einheit!

Diese drei Betrachtungsarten müssen zusammengeschaut werden, wenn es um die Interpretation ägyptischer Text geht. Denn die verschiedenen Aspekte treten immer mehr oder weniger vermischt auf. Oft schließt sich auf, was scheinbar unlogisch nebeneinander steht, wenn die obige Gliederung beachtet wird. Die meisten Schilderungen des Sonnenlaufes sind so abgefaßt, daß die Ereignisse der einzelnen Stunden, dem Gang des Sonnengottes entsprechend, nacheinander dargestellt werden, wobei der Verfasser jedoch immer das Ganze im Bewußtsein hat und meist auch auf den Zusammenhang hinweist. Zwei Beispiele, ein Abend- und ein Morgen-Hymnus, mögen das zeigen:

»Gegrüßet seist du, der untergeht im Leben,
Atum, Vater der Götter!
Du vereinigst dich mit deiner Mutter im Westberg,
ihre Arme empfangen dich Tag für Tag.
Das Bild deiner Majestät (ruht) in Sokaris,[35]
man jubelt laut aus Liebe zu dir.
Dir sind die Tore geöffnet in deinen beiden Horizonten
bei deinem Untergang zum westlichen Lande.
Deine Strahlen dringen in die Erde,
um den Westlichen Licht zu spenden.

35 Der memphitische Totengott, hier als Verkörperung innerster Unterweltregionen, vgl. z.B. Amduat 5. Stunde.

Abb. 16 Der König im Allerheiligsten, den Schrein mit dem Bilde des Amun (als Ptaḥ) öffnend. Nördliche Seite der Kapelle des Amun im Tempel Sethos I. in Abydos, 19. Dynastie, um 1300 v. Chr.

Abb. 18 Der Ba; aus dem Grab des Inḥerḫc, Deir el Medine (Theben-West), Grab 359. Zeit Ramses III., 20. Dynastie, um 1170 v. Chr.

Abb. 19 Seite 60. Ba, über seiner Mumie schwebend, die auf einem Löwenbett ruht. Unter diesem, die vier Kanopenkrüge, die die Eingeweide enthalten. Aus dem Grab des Ameneminet, Qurnet Murai (Theben-West), Grab 277, ramessidisch, 12. Jh. v. Chr.

Abb. 17 Barke des Sonnengottes (aus dem Amduat) in der ersten Nachtstunde. Vor ihr leiten die beiden Maatgöttinnen die Barke, in ihr befindet sich der widderköpfige Sonnengott mit den göttlichen Wesenheiten, die mit ihm in engem Zusammenhang stehen, wie z. B. Hathor (in der 7. Stunde durch Isis ersetzt), Horus, Sia (Erkenntnis) und Ḥu (Ausspruch). Grab Thutmosis III. im Tal der Könige, 18. Dynastie, um 1450 v. Chr.

Die Unterweltlichen stimmen dir Preisungen an
und Loblieder bei deinem Anblick Tag für Tag.
Du gibst, daß die Götter in der Erde ruhen,
deine Gefolgsleute sind sie, die in deinem Geleit sind«.[36]

»Herauskommen aus der Unterwelt,
sich niederlassen in der Morgenbarke.
Den Urozean (Nun) befahren zur (12. Nacht-) Stunde
›Die die Schönheit ihres Herrn schaut‹.
Sich verwandeln in Chepri,
emporklimmen zum Lichtland.
Eintreten in den Mund,
herauskommen aus der Scheide,
aufgehen im Tor des Lichtlands zur (1. Tages-) Stunde
›Die die Schönheit des Re erscheinen läßt‹.«[37]

Das Wissen vom Zusammenhang des Sonnenlaufes und vor allem von der unterweltlichen Verwandlung des Sonnengottes während seiner nächtlichen, nicht sichtbaren Phase, war streng gehütetes Mysteriengeheimnis: »Wer das enthüllt, der stirbt durch Ermordung, weil es ein großes Mysterium ist: Re ist das, und Osiris ist das«[38] (Fig. 18).

36 ÄHG Nr. 24, S. 128.
37 ÄHG Nr. 14, S. 113.
38 LL S. 102.

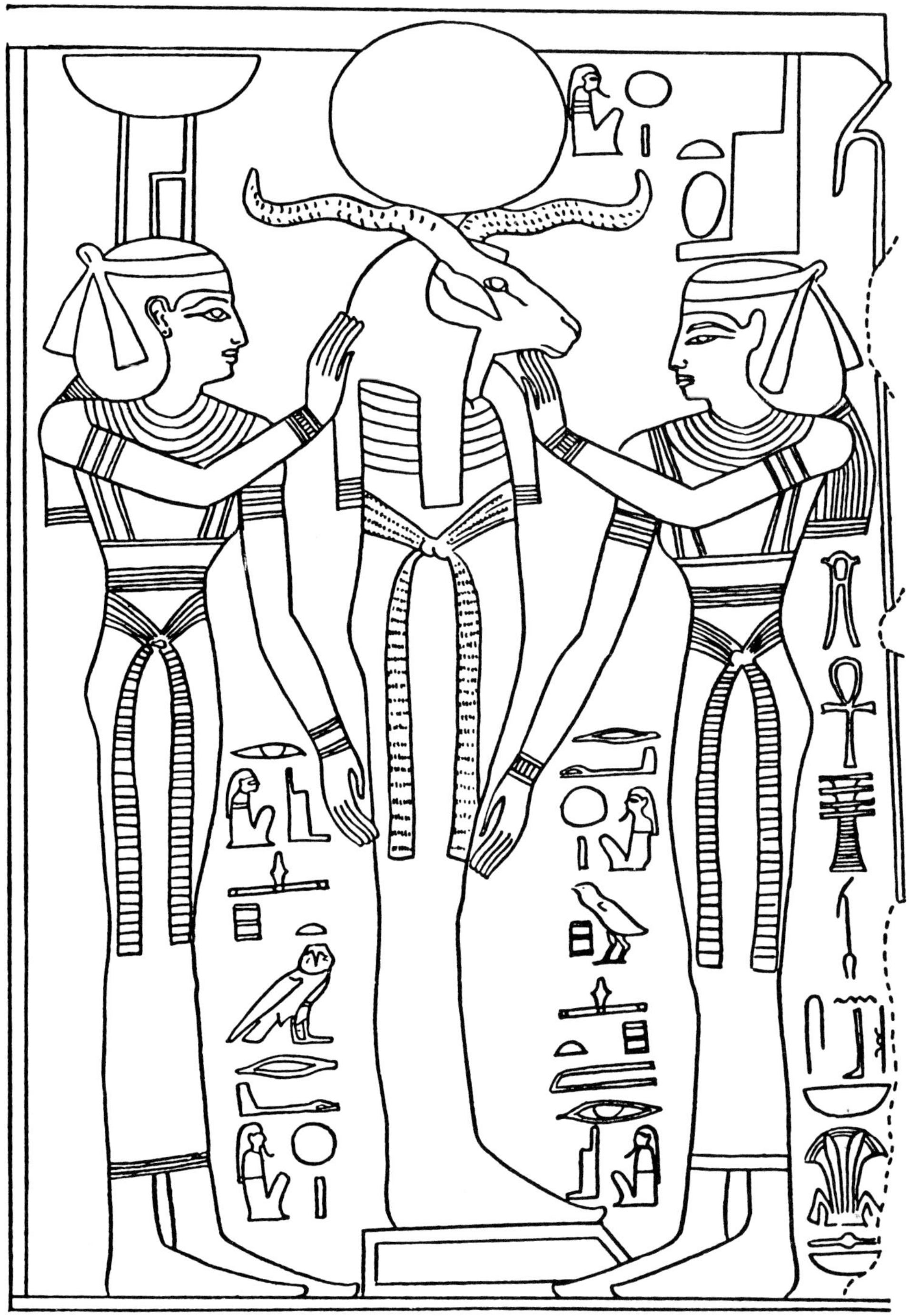

Fig. 18 Die Figur des Sonnengottes als Mumiengestalt mit Widderkopf. Isis und Nephtys rechts und links von dieser Figur. Die Beischrift links heißt: »Osiris, der in Re eingegangen ist«; rechts: »Re ist es, der in Osiris eingegangen ist.«
Aus dem Grab der Nefertari, der Gemahlin Ramses II. Nach A. Piankoff und N. Rambova, The Tomb of Ramesses VI.

Der König allein »kennt« den gesamten Kreislauf der Sonne, d.h. er weiß, was mit dem Sonnengott in jeder Stunde der Nacht geschieht (Abb. 17) und welchen Wesen er im Leibe der Isis begegnet. Er hört die Worte, die Re spricht:

»Wer diese Worte kennt, welche die unterweltlichen Götter zu diesem Gott sprechen, und die Worte, die zu ihnen spricht dieser Gott, ist einer, der sich den Unterweltlichen nähert.«[39]
»Wer es kennt, ist eine von den Seelen bei Re.«[40]

Der normale Sterbliche hat kein Wissen von dem, was in der Sphäre der Nachtsonne geschieht. Er empfindet zwar, daß er einverwoben ist in den Lauf der Sonne, denn auch er erlebt täglich zwei verschiedene Phasen in seinem Verhalten zur Welt. Im Lichte des Tages ist auch sein Bewußtsein wach nach außen auf die erscheinende Welt gerichtet. Und im Dunkel der Nacht scheint auch sein schlafendes Bewußtsein von anderen Welten bewegt zu sein. Aber erkennen kann er davon nichts. Erst nach seinem Tode, das weiß er, würde er sich dort wiederfinden und hören können, was in der Umgebung des Gottes geschieht. »Wer dort ist, wird ja sein einer, der im Sonnenschiff steht«, heißt es im »Gespräch eines Mannes mit seinem Ba«. Nur der Pharao weiß schon zu Lebzeiten, was der einfache Mensch erst nachtodlich erlebt.
»Immer geht er aus und ein in der Dat (Unterwelt), immer spricht er zu den Lebenden.«[41]
Aus diesen Erfahrungen leitet der Pharao auch die tiefere Berechtigung seines Königtums her. Er kann sein Land nur deswegen regieren, weil er sich hier auf Erden als ausführendes Organ des Sonnengottes weiß:
»Komm zu mir, Re-Harachte, daß du mir Pläne machst, denn du bist ja der, der handelt, und niemand handelt ohne dich.«[42]
Das Wesen, das die Sphäre der Götter und die Welt der Lebenden vermittelt, ist die »Maat«. Sie steht im Sonnenschiff, seinen Weg leitend (von maatj = führen, leiten). Übersetzen können wir ihren Namen nur durch Umschreibungen wie Wahrheit, Gerechtigkeit, rechte Ordnung. Sie ist die Lebensluft der göttlichen und natürlichen Welt. Denn der Kosmos ist ein wohlgeordneter, in dem jedes Wesen seinen

39 Amduat, Abriß, aus Text zur 2. Stunde.

40 Amduat, aus Text zur 7. Stunde.

41 Amduat, Abriß, aus Schlußtitel.

42 ÄHG Nr. 176, S. 380.

Abb. 20 Eine kleine Figur der Maat, die der Pharao im Kult den Göttern Osiris, Isis und Horus darbringt (Detail aus Abb. 26). Sie trägt die Feder, in Form der Hieroglyphe für Maat, auf dem Kopf und hält ein Lebenszeichen in ihrer Hand. Aus dem Tempel Sethos I. in Abydos, 19. Dynastie, um 1300 v. Chr.

ihm zukommenden Platz hat und seine ihm entsprechenden Aufgaben richtig ausführt. Ihre Verbundenheit mit dem Leben kommt auf fast allen Abbildungen dadurch zum Ausdruck, daß sie das Lebenszeichen trägt. Der König kennt die Maat[43], und es ist seine Aufgabe, sie hier auf Erden wirksam werden zu lassen, d. h. das Diesseits nach den Gesetzen der göttlichen Weltordnung einzurichten. Im Kult spiegelt sich diese Pflicht des Pharao im »Darbringen« und »Aufsteigenlassen« der Maat zu den Göttern (Abb. 20). Was von den Göttern ausging, wird durch die »Verwirklichung« der Maat auf Erden den Göttern wieder zurückgegeben – ein Weltbild, in welchem die Menschen zur Verwirklichung der Pläne der Götter gebraucht werden!

43 Dieses kommt z. B. darin zum Ausdruck, daß die Darstellungen des Ka's des Königs, des Lebens des Königs, diesen immer mit der Maatfeder in den Händen zeigen.

Um zu verstehen, welche Erlebnisse diesen Bildern zugrunde liegen, ist es hier notwendig, auf die ägyptischen Vorstellungen vom Wesen des Menschen näher einzugehen. Denn dieses besteht für den Ägypter nicht nur aus dem Leib, der einige seelische Eigenschaften besitzt, sondern aus mehreren »Wesensgliedern«, durch deren unterschiedliches Zusammenwirken die verschiedenen Phänomene des menschlichen Daseins bewirkt werden. So unterscheidet er z. B. schon in der Leibesentwicklung zwei Glieder, den eigentlichen Leib und die lebendige Gestalt, die diesen Leib wachsen läßt und weiter am Leben erhält – den *Ka*.[44] Im Tode trennt sich der Ka vom Körper und läßt den Leichnam zurück. Ein weiteres Wesensglied ist dann der *Ba*. Durch seine Verbindung mit dem Leibe ermöglicht er diesem das tagwache Leben. Er ist die Instanz des Menschen, die die Eindrücke, die durch die leiblichen Sinne vermittelt werden, etwa einen Ton, bemerkt und darauf mit einer Empfindung antwortet. Diese Instanz bestimmt so das Verhalten des Menschen und die Art, wie er den anderen Menschen erscheint. Dadurch bekommt der Ba eine Art persönliche Färbung, die um so stärker ist, je ausgeprägter der Charakter seines Trägers ist. Deswegen kann »Ba« manchmal sogar mit Worten wie »Ansehen«, »Ruhm« wiedergegeben werden, »Fähigkeiten und Eigenschaften, die dem Menschen im Leben innewohnen«.[45] Seine leichte Beweglichkeit im Reagieren verglich der Ägypter mit einem Vogel; und die Auffassungsgabe, die dem Bemerken der Eindrücke den Sinn gibt, verbildlichte er sich durch einen menschlichen Kopf (Abb. 18). So ist ihm der Ba, als Vogel mit Menschenkopf, ein Sinnbild für diese geistig-seelischen Fähigkeiten geworden. Nach dem Tode trennt sich der Ba vom Körper, fliegt auf zum Himmel und führt hinfort ein selbständiges Dasein, aber im Zusammenhang mit dem Lauf der Sonne. Der Ba ist also eine Art Mittler zwischen der göttlichen und der irdischen Welt. Selbst von göttlicher Abkunft, ist er im irdischen Menschen verkörpert, nimmt auf, was er hier erfahren kann, und kehrt wieder in die göttliche Welt zurück:

»Ich habe meinen Ba um mich herum geschaffen, um zu veranlassen, daß er das kennt, was ich kannte; mein Ba verbrannte nicht (d. h. ging nicht zugrunde) auf meinem Leichnam«[46] (Abb. 19).

44 Vgl. F. Teichmann, Der Ka, in »die Drei« Heft 7/8 1975, S. 360 f.

45 Emma Brunner-Traut, Der Lebensmüde und sein Ba, in ZÄS 94, 1967, S. 6 f.

46 CT I/362a übersetzt von W. Barta in »Das Gespräch eines Mannes mit seinem Ba«, Berlin 1969, S. 71.

Der Pharao spricht nun nicht nur davon, daß er den Sonnenlauf kennt, sondern daß er selbst in die göttliche Sphäre aufgestiegen ist, selbst ein »Sohn des Re« geworden ist. Er selbst hat den Horus in sich geboren und kann sich nun als Gott unter Göttern bewegen. Dazu war aber notwendig, daß sich sein Ba verwandelte. Denn indem der Ba an der nächtlichen Fahrt der Sonnenbarke teilnimmt, reinigt er sich im Urwasser Nun, das er durchfährt, und bereitet sich so auf die Geburt des Horus vor. »In der Gestalt des Osiris wird in Spruch 219[47] der Ba des Toten in einer langen Litanei den Göttern des Universums vorgestellt. Wesentlichster Inhalt dieses Vorstellungsaktes ist die 24mal in feierlicher Form wiederholte Proklamation,[48] daß der zunächst in Osirisgestalt erscheinende und sich später in Horus verwandelnde Ba, als Träger seiner Persönlichkeit«, weiterlebt.[49] »Dabei wird ... die Göttin des Gegenfirmamentes, Naunet (= Isis), ausdrücklich als Mutter des Ba bezeichnet.«[50] »Mit der durch den letzten Teil von Spruch 219 bewirkten Verwandlung des Ba aus Osiris in Horus ist zugleich seine Krönung mit der unterägyptischen Krone eingeleitet.«[51] Das Ergebnis dieses ganzen Vorganges ist die endgültige Verwandlung des Ba in einen *Ach*, die Geburt des Horuskindes im Pharao. Nach außen hin stellt sich dieser Vorgang als Krönung dar, der Akt, durch den das Königtum seine geistige Legitimation erhält.

»Vereinigt sind nun seine Glieder, die im Verborgenen waren, als er sich zu denen gesellte, die im Nun wohnen.
Unas (= Königsname) tritt ja hervor an diesem Tage in der wirklichen Gestalt eines lebenden Geistes (Ach).
Unas tritt hervor als Hüter der Maat.
Er vermag sie nämlich von sich aus zu bringen.«[52]

Durch die Geburt des Ach-Geistes im König erlangt dieser nicht nur die Er-kenntnisse der göttlichen Gesetze, sondern auch die wahre Erkenntnis des Menschseins. Denn jetzt offenbart sich ihm die Welt, die dem wachen Tagesbewußtsein unzugänglich bleibt. Er lernt kennen, was der Ba des Menschen (und also auch sein Ba) nachts und nach dem Tode erlebt. So spricht der König in einem Abendgebet an Re:

»... mein Vater Re ...
befiehl mich der Nacht und denen, die in ihr sind:

47 der PT

48 den 24 Stunden des ganzen Sonnenlaufes entsprechend.

49 aus J. Spiegel, Das Auferstehungsritual der Unaspyramide, Wiesbaden 1971, S. 83.

50 op. cit. S. 83.

51 op. cit. S. 53.

52 PT, Spr. 260, § 318a–319b.

dann wirst du mich finden unter denen, die dich ehren, Re, die dich preisen bei deinen Aufgängen,
die sich der Nacht vereinen und die Mitternacht durchziehen, wie du, Re, es befohlen hast.
... Ich bin dein Stellvertreter,
du hast mich zum Herrn des Lebens gemacht, für den es kein Hinscheiden gibt.
Ich bin einer, ... der geboren wird in der Nacht,
dessen Leben gemacht wird in der Mitternacht.«[53]

Durch seine Krönung wird der Pharao Teilnehmer an dem Sonnengöttlichen und der zu ihm gehörenden Sphäre der Wahrheit (Maat). Das zeigt schon der Name Ach, der mit »Iachu« = Sonnenglanz, Licht, zusammenhängt. Und wie der Sonnengott allmorgendlich im Lichtland (Achet) erscheint (ḫaj), so erscheint auch der König auf dem Thron bei seiner Krönung (ḫaj). Indem er in die Nacht-Sphäre der Welt eingeführt wurde, überwand er den Tod und ist zum Ach geworden. Die normalen Menschen dagegen können diesen Daseinszustand erst nach dem Tode, mit Hilfe der Hinterbliebenen erreichen. Denn diese führen die Rituale für den Verstorbenen aus und »verklären« (sach) ihn dadurch zu einem Ach (s-ach = Kausativ zu Ach, = zu einem Ach machen).

Auch die Titulatur des Pharao wird bei seiner Krönung festgesetzt. Er bekommt einen eigenen Horusnamen und nennt sich »Sohn des Re« vor seinem Geburtsnamen; er wird »Herrscher« (nisut) der Lebenden auf Erden und »König« (bjt) im Reiche des Nachtbewußtseins[54] und erhält einen »nisut-bjt«-Namen. Die beiden letzten Namen dürfen dann zum Zeichen, daß der Pharao in den Zusammenhang des Sonnenlaufs eingeweiht ist, in šn-Ringe eingeschrieben werden: die Königskartuschen (Abb. 21).

Um in Ägypten König werden zu können, war die Einweihung Voraussetzung. Einweihung heißt aber, sich erheben zu können und Einblick zu haben in die Bereiche, in denen die Götter leben und sich der Mensch nachtodlich aufhält. Dies ist nicht metaphorisch gemeint, auch nicht auf Handlungen des Kultvollzugs beschränkt, sondern tatsächlich so, wie es geschrieben dasteht!

53 ÄHG Nr. 201, S. 421.

54 In den Königsgräbern wird gelegentlich »bjt« durch »Osiris« ersetzt, der ja Herrscher im Totenreich ist. Vgl. z. B. E. Hornung und F. Teichmann, Das Grab des Haremhab, Bern 1971, Tafeln 14–20.

Abb. 21 Inschrift mit den beiden Königskartuschen aus dem Grabe des Haremhab im Tal der Könige. Links der Sohn-des-Re-Name (sein Geburtsname), rechts der Nisut-bjt-Name, (= König von Ober- und Unterägypten). Hier ist die Hieroglyphe für »bjt« (Unterägypten) durch »Osiris« ersetzt.

»Ihr westlichen Götter!
Ihr östlichen Götter!
Ihr südlichen Götter!
Ihr nördlichen Götter!
Diese vier reinen Schilfbündelflöße,
die ihr dem Osiris hingelegt habt
bei seinem Aufstieg zum Himmel,
damit er überfahre zum ›Himmel‹,[55]
indem sein Sohn Horus bei ihm war,
damit er ihn aufziehe,
damit er ihn erscheinen lasse als ›Großen Gott‹ im ›Himmel‹,
Legt sie dem Unas hin!«

(Rede der angerufenen Götter:)

»Bist du Horus, der Sohn des Osiris?«
»Bist du, Unas, der älteste Gott, der Sohn der Hathor?«

(Antwortrede:)

»Osiris hat befohlen, daß Unas als ›neuer Horus‹ erscheine.«[56]

Einweihung heißt aber auch, eine lange Schulung durchlaufen zu haben. Die Krönung ist nur der Abschluß der Vorbereitungs- und Prüfungszeiten. Deren Ablauf wird uns nur durch wenige Andeutungen greifbar, da auf Verrat ihrer Geheimnisse ja die Todesstrafe stand. Wolfhart Westendorf macht z. B. auf die Feuer- und Wasserprobe aufmerksam,[57] die wohl in dieser Schulung, wie auch in anderen alten Mysterien, zu bestehen waren. In einem Sargtext (CT II, 54) des Mittleren Reiches heißt es: »Nicht bin ich durch Feuer zu verbrennen, nicht bin ich durch Wasser zu benetzen ..., ich werde sein wie Re, neugeboren jeden Tag.«
Zugelassen zu dieser Schulung wird nur derjenige, der berufen worden ist. Thutmosis III., einer der bedeutendsten Pharaonen des Neuen Reiches, hat von seiner »Erwählung« zum Königtum ausführlich berichtet.[58] Sie geschah bei einem Fest im Tempel von Theben und wurde durch den Gott selbst vollzogen, zur Überraschung des Thutmosis und der anwesenden Priesterschaft. Mit dem freien Entschluß der Men-

55 Himmel hier im Sinne von englisch »heaven« (= geistiger Himmel).

56 PT Spruch 303 § 464a ff., übersetzt von J. Spiegel.

57 in ZÄS 96/1970, S. 149.

58 Urk. IV 159 f.

Abb. 23 Der Pharao Sethos I. trinkt an der Brust einer Göttin, seiner Mutter, der Herrin des Himmels. Aus dem Tempel Sethos I. in Abydos, 19. Dynastie, um 1300 v. Chr.

Abb. 24 Darstellung des Osiris aus dem Grabe des Haremhab im Tal der Könige. Der Gott wird immer mumiengestaltig abgebildet, von weißen Binden umhüllt. Er trägt die Herrscherinsignien: Krummstab, Fliegenwedel, Krone und Kultbart. Sein Gesicht und seine Hände sind mit grüner Farbe, der Farbe des Lebens und Gedeihens, bemalt. 18. Dynastie, um 1310 v. Chr.

71

Abb. 25 Der Pharao als Horusknabe auf dem Schoß seiner Mutter Isis. Aus dem Tempel Sethos I. in Abydos, 19. Dynastie, um 1300 v. Chr.

schen wurde noch nicht gerechnet. Aber kleine Gruppen geschulter Führer sorgten dafür, daß immer genügend Menschen vorbereitet und stufenweise emporgeführt wurden. Die innerlich errungenen Stufen prägen sich dann nach außen in entsprechenden Rängen aus. Manchmal sprechen sogar die Texte von der Kenntnis des Eingeweihten, der weiß, auf was sich die Bilder beziehen:
»Der erlesene Leitfaden, die geheimnisvolle Schrift der Dat, die nicht gekannt wird von irgendeinem Menschen, außer vom Erlesenen.«[59]

Der erste Schritt, den man tun muß, um die wirklichen Inhalte der geheimen Schulung der Pharaonen zu entdecken, besteht nun darin, die Bilder des beschriebenen Sonnenlaufs in allen ihren Einzelheiten lesen zu lernen. Was bedeutet denn z. B. das Bild der Isis? Sie wird als kosmische Göttin geschildert, die an ihrer Außenseite das Bild der Welt, das wir von unserem Tagesbewußtsein her kennen, zeigt. Da befinden sich die Sterne an ihrem Leib; dort fährt das Sonnenschiff während des Tages an ihrem Leib entlang; da zeigt sich das ganze Leben der Naturreiche in seinem feinen organischen Zusammenspiel. Im Bild der Isis als »Baumgöttin«, die den Menschen Nahrung und Flüssigkeit spendet,[60] wird dieser Aspekt noch besonders hervorgehoben. Denn sie ist nicht nur eine »Himmelsgöttin«, sondern dasjenige Wesen, das in regelmäßigen Kreisläufen die von Re geschaffene Schöpfung immer wieder neu hervorbringt und damit für die Ewigkeit erhält (Abb. 22, Fig. 19).
Wenn nun der Pharao davon spricht, er habe das Innere der Isis durchzogen, so heißt das, daß er kennenlernte, was hinter den Naturerscheinungen steht! Er lernte kennen, »was die Welt im Innersten zusammenhält«, d. h. diejenigen Kräfte, die in der Natur leben und wirken. Von außen bleibt dieses Tätigsein verborgen, erscheint nur als Bild, als Phänomen:
»Gemacht ist dieses Bild dergestalt im Verborgenen der Dat, unsichtbar, nicht wahrnehmbar.«[61]
Zu einem solchen Studium der Naturreiche gehört die liebevolle Zuwendung zu allen Wesen, die in der Natur auftreten. Da werden die verschiedenen Fische beobachtet, was sie fressen, woher sie kommen,

59 Amduat, Abriß, aus dem Schlußtitel.

60 Aus dem Inneren des Stammes kann sogar durch Spaltung die in ihm verborgene Sonne austreten (Urk. V. 50). Dieser Gedanke entspricht der sich im Inneren der Isis befindenden Nachtsonne, die am Morgen – durch Spaltung – geboren wird.

61 Amduat, Abriß, aus dem Schlußtitel.

Abb. 22 Der König Thutmosis III. trinkt an der Brust seiner Mutter Isis, die als Baumgöttin dargestellt ist. Aus dem Grab Thutmosis III. im Tal der Könige, 18. Dynastie, um 1450 v. Chr.

Fig. 19 Nut als Baumgöttin spendet dem Grabherrn und seiner Frau Wasser und Nahrung. Deir el Medine (Theben-West), Grab des Sennedjem (Nr. 1), 19. Dynastie, 1. Hälfte 13. Jh. v. Chr., (nach Abd el Wahab).

wohin sie ziehen und wann das geschieht. Da werden die Vögel beobachtet, wie sie aussehen, von was sie sich ernähren, woher sie kommen, wohin sie ziehen und wann sie brüten. Da wird das Leben des Wildes der Wüste, von der Geburt der Tiere bis zu ihrem Tode, mit Aufmerksamkeit verfolgt. Das ganze Leben der Natur im Jahreslauf, d. h. ihr Zusammenhang mit dem Gang der Sonne durch den Tierkreis, wird dem Ägypter zur Offenbarung des göttlichen Wesens der Isis (Fig. 20).[62] Seine Intention geht nicht dahin, viele Einzelheiten zu wissen, sondern den Zusammenhang dieser Einzelheiten untereinander aufzudecken. Er lernt die Zeichen des Kosmos wie eine Schrift zu behandeln, die es zu entziffern gilt. Vom Sinn dieses Lesenlernens geben wieder die mythologischen Bilder Kunde. Denn durch das Innere der Isis zieht nicht nur die Nachtsonne hindurch, auch die Sterne und Sternbilder werden durch diese »Unterwelt« hindurchbewegt. Umgekehrt wie beim Sonnenlauf, befinden sie sich tagsüber im Inneren der Isis, von außen unsichtbar, während der Nacht aber, außen, im Weltall, wie ausgeatmet.

62 Bis in welche Einzelheiten die Beobachtung der Natur führte, zeigt sehr schön die »Weltkammer« eines Sonnenheiligtums der 5. Dynastie, die teilweise erhalten geblieben ist. Vgl. dazu E. Edel, Zu den Inschriften auf den Jahreszeitenreliefs der »Weltkammer« aus dem Sonnenheiligtum des Niuserre, NADWG, Göttingen 1961 und 1963.

»Diese Sterne wandern bis zu den Grenzen des Himmels, auf ihrer (der Nut) Außenseite des nachts, während sie sich zeigen und gesehen werden. Sie wandern in ihrem Innern am Tage, während sie sich nicht zeigen und nicht gesehen werden.«[63]

Fig. 20 Teil der Ostwand der »Weltkammer« aus dem Sonnenheiligtum des Niuserre in Abu Gurab (heute im Museum von Berlin-Ost). Dargestellt ist die Sommer-Herbst-Jahreszeit (prjt) und was in ihr geschicht. Wir sehen das Betreuen von Pelikanen, das Papyrusdickicht im Delta mit seinen Vögeln, die Honigernte, das Paaren von Ziegen und Antilopen, das Geborenwerden der Zorillas, die Feigenernte und die Ankunft von Zugvögeln im Delta (nach E. Edel).

Während sie im Leib der Isis sind, werden nun die Sterne nicht nur bewegt, sie werden auch gereinigt: »Sie reinigen sich, sie leben« ... »sie werfen ihr Schlechtes zur Erde, so reinigen sie sich.«[64]
Mit dem Hindurchziehen durch die Unterwelt, durch das Innere des Kosmos, ist also eine Reinigung verbunden. Und zwar wird dasjenige gereinigt, was mit der Sternenwelt in Zusammenhang steht. Was aber hindurchzieht, ist der Ba des Pharao, und der gehört ja zum Himmel. So heißt es am Beginn der Fahrt durch die Dat:

»Botschaft deines Vaters ist an dich ergangen.
Botschaft des Re ist an dich ergangen:
Geh dahin ... auf daß du dich reinigst,

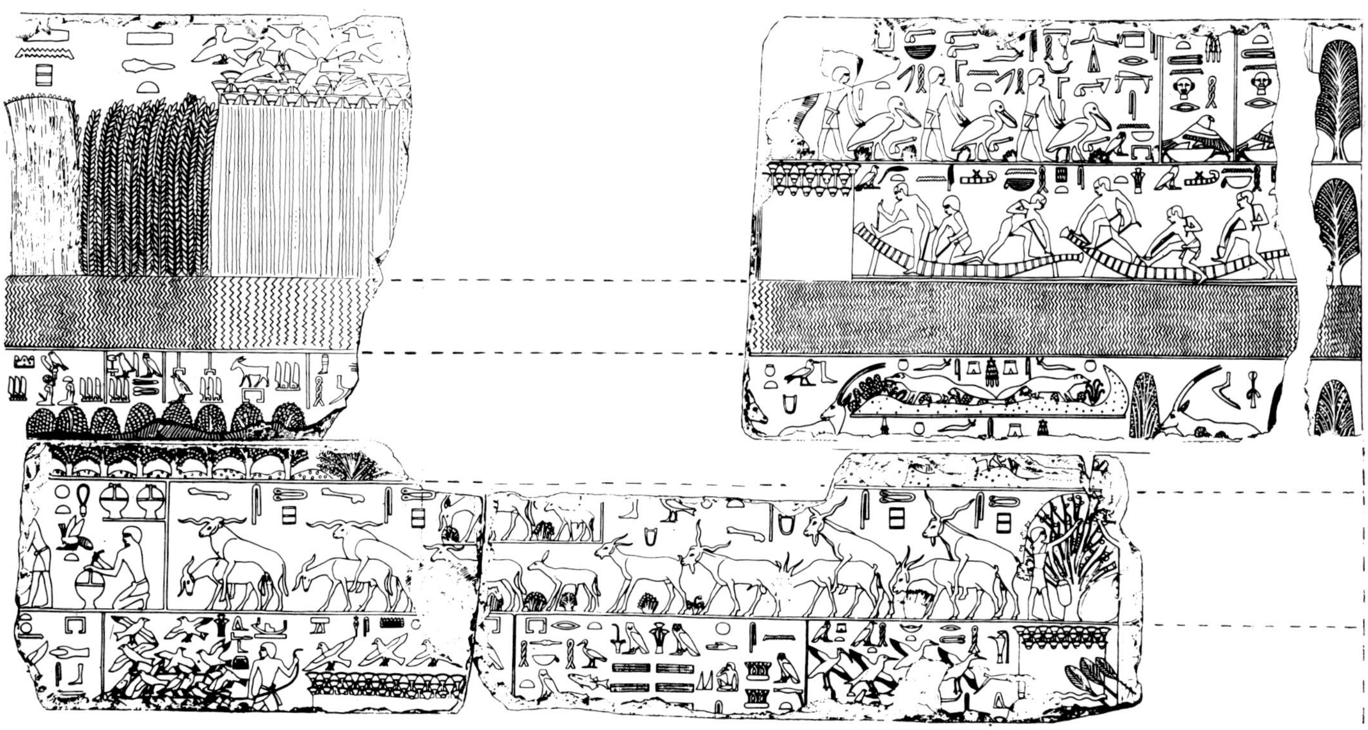

auf daß du an der Seite Gottes bist,
auf daß du dein Haus deinem Sohn (Horus) überläßt, der dein Sproß ist.
...
Du sollst dich reinigen mit dem Wasserguß der Sterne.
...
Tritt nun ein an den Ort, wo dein Vater ist.« (= Unterwelt).[65]

Ist das nicht ein treffendes Bild für das, was wir Tag für Tag erleben? Scheint nicht auch unsere Seele tagsüber in unserem Leibe anwesend zu sein, so daß wir die Sinnesreize empfinden können? Und scheint sich nicht auch unsere Seele, wie der Ba, des nachts und nach dem Tode außerhalb des Leibes, im Kosmos, aufzuhalten, so daß in uns niemand mehr anwesend ist, der auf die Reize der Sinneswelt antwortet? Entspricht nicht dieses Ein- und Ausatmen der Seele dem Ein- und Ausatmen der Sternenwelt durch Isis?[66] Scheint nicht auch unsere Seele vom »Schmutz« des Tages allnächtlich gereinigt zu werden, so daß wir immer wieder mit neuen Kräften belebt an unser Tagewerk gehen können?
Was im Innern des Kosmos reinigt, ist der Nun. Dieser belebende und nährende Urgrund der Welt, dieses Lebenswasser, das die ganze Unterwelt erfüllt, wäscht ab, was unrein am Ba ist, wenn er die Nachtfahrt beginnt:

»Den Schmutz Pharaos zur Flut.
Was er verabscheut, ... schwimmt im Urwasser.
Die Götter sind zufrieden mit Pharaos Reinheit.«[67]

»Pharao zog über die Fluten des Nun.
Er erlangte seine Reinheit im Nun.«[68]

»Pharao ist Re, der im Nun aufleuchtet...
wenn er sich in der ›Flut‹ zeigt und das Übel vertreibt,
wenn er in seiner Reinheit aus dem Wasser aufgeht.«[69]

Auf dieser Stufe des Einweihungsweges lernt der Adept alles das kennen, was hinter den sinnlichen Erscheinungen der Welt lebt. Dieses

63 H. Frankfort, The Cenotaph of Seti I, London 1933, p. 83.

64 H. O. Lange, Papyrus Carlsberg Nr. 1, Kopenhagen 1940, S. 49.

65 PT Spruch 214, übersetzt von J. Spiegel.

66 In der Geisteswissenschaft R. Steiners wird auf diesen Zusammenhang aufmerksam gemacht, indem die Seele Astralleib (= Sternenleib) genannt wird.

67 S. Schott, Die Reinigung Pharaos in einem memphitischen Tempel, (NADWG) Göttingen 1957, S. 55.

68 op. cit. S. 56.

69 op. cit. S. 58.

»andere Land, das die Menschen nicht kennen«,[70] unterliegt nicht der Wandelbarkeit der Sinnenwelt, sondern trägt an sich den Charakter der Dauer.[71] Aus ihm stammen die zeitlosen Urbilder und Ideen, nach denen sich die irdische Welt ausgestaltet. Das ägyptische Wort für diese »ewige Dauer« (d̲t) ist dasselbe wie das Wort für Leib (d̲t). Das Werk der Götter – der Umlauf der Gestirne, die Zyklen der Vegetation, die Beständigkeit des Steines, alles, was sein Leben von Isis empfängt – ist vollendet und verharrt in seiner gewordenen, endgültigen Gesetzmäßigkeit, ist *Leib* geworden. Im Schriftbild des Wortes für Dauer wird dieses Verharren in der Vollendung bezeichnenderweise (durch die Determinierung) mit dem Zeichen für Erde zum Ausdruck gebracht.

Das Durchleben der innerlichen Weisheit der Isis und der damit verbundenen Reinigung der Seele ist aber nur die Vorbereitung für die Geburt eines neuen Menschen – des Ach aus dem Ba. Ist der Weg durchschritten, so wird das Gottes-Kind von Isis geboren und von ihr sorgsam behütet, genährt und aufgezogen. Mit dieser Horus-Geburt identifiziert sich der Pharao. Er nennt sich Horus, Sohn der Isis und Sohn des Re, und läßt sich selbst als Gott ansprechen und abbilden. – »Worte gesprochen von der großen Isis, der Gottesmutter, … zu ihrem Sohn, den sie liebt, dem Herrn der beiden Länder: Ich bin deine Mutter, ich säuge dich an meiner Brust, du Same des Osiris …«[72] (Abb. 23, 25).

Der Pharao ist ein Gott unter Göttern geworden. Er verkehrt mit ihnen auf gleicher Stufe.[73] Dieses göttliche Wesen im Pharao ist unsterblich, denn es durchläuft, wie der Sonnengott, immer neue Kreisläufe, sich verwandelnd, metamorphosierend und immer wieder verjüngend. Der Tod verliert auf dieser Stufe seine Schrecken, er wird nur als Übergang von der Sphäre des Sinnen- in die Sphäre des Jenseits-Bewußtseins erlebt. Für die gewöhnlichen Menschen tritt dort Bewußtlosigkeit ein, der Pharao aber überschreitet diese Schwelle bewußt. Er »kennt« die Sphäre, in der Götter und Verstorbene wirken.[74] Die Maat lebt dort. Und weil er sie kennt, hat er auf der Erde die Aufgabe zu übernehmen, sie hier zu verwirklichen:

70 Vgl. C. E. Sander-Hansen, Die religiösen Texte auf dem Sarg des Anchnesneferibre, 1937, S. 110 f.

71 Vgl. J. Assmann, Zeit und Ewigkeit im alten Ägypten, Heidelberg 1975, S. 42.

72 A. M. Calverley, The Temple of King Sethos I. at Abydos, London 1958, vol. IV, pl. 16.

73 Vgl. die unzähligen Reliefs in den Tempeln, wo der König immer in Handlungen mit Göttern abgebildet wird und ihnen in gleicher Größe gegenübersteht.

74 Vgl. z. B. Amduat, 6. Stunde, mittleres Register, wo der Pharao die verstorbenen Könige trifft. – Thutmosis III. hat sein Grab in Form einer Kartusche aushauen lassen. An dessen Wänden ließ er den Weg des Sonnengottes durch die zwölf Stunden der Unterwelt aufzeichnen. Dieser Text, »die Schrift des verborgenen Raumes«, später Amduat (= das, was in der Unterwelt ist) benannt, wird von den folgenden Königen ganz oder auszugsweise in ihren Gräbern wieder abgeschrieben. Diese Abbildung der nachtodlichen Erlebnisse des Königs als Sonnengott und seine Wieder-Geburt auf der Oberwelt deutet die Kenntnis des Reinkarnationsgedankens in Ägypten an. Das ist sicherlich die tiefere Ursache, warum das Amduat in den Königsgräbern eine so große Bedeutung hatte.

»Der König …,
er betet Re an in der Morgenfrühe…
wenn er auffliegt zum Himmel als Chepri.
Er tritt ein in den Mund,
er kommt heraus aus den Schenkeln
bei seiner Geburt vom Osten des Himmels.
Sein Vater Osiris hebt ihn empor…
Er läßt sich nieder in der Morgenbarke.
Der König … kennt diese geheime Rede da, die die östlichen Seelen
sprechen, indem sie Jubelmusik machen für Re …
Der König …
er kennt das Geborenwerden des Re
und seine Verwandlung in der Flut …
Er kennt den, der in der Morgenbarke ist,
und das große Bild, das in der Nachtbarke ist.
Re hat den König eingesetzt
auf der Erde der Lebenden …
zum Verwirklichen der Maat, zum Vernichten der Sünde …
Der Name des Königs …
ist im Himmel wie Re.
Die Menschen jubeln, wenn sie ihn sehen …
in seiner (kultischen) Rolle des ›Kindes‹.«[75]

Dieser Sonnenhymnus faßt die Erfahrungen, die der Ägypter vom Sonnenlauf hatte, zusammen und kennzeichnet das Selbstverständnis des Pharao. Er erlebt sich vollkommen eingeschaltet in den Sonnenlauf, sich selbst ganz identifizierend mit dem Sonnengott. Diese Wesensgemeinschaft von Sonne und König bestätigen die Menschen mit ihrem Jubel, der dem König als Sonnengott, dem Sonnengott im König gilt.[76]
Wer die Erlebnisse eines ägyptischen Pharaos während seiner Mysterienschulung ernst nimmt, kann ein Verständnis dieser Tatsachen ebenfalls nur aus Schulungsweg-Erlebnissen erwerben. Diese zu gewinnen, ist das Ziel der Anthroposophie Rudolf Steiners. In vielen Büchern und Vorträgen wird der Schulungsweg beschrieben, so wie er

75 ÄHG Nr. 20, S. 119.

76 Vgl. J. Assmann, Der König als Sonnenpriester, Glückstadt 1970, S. 66.

für das heutige Bewußtsein durchführbar ist. Dabei ergeben sich ähnliche Erfahrungen wie in Ägypten:
»Dieses Seelenwesen (des Menschen) ist eingehüllt in das Niedrige der Sinnenwelt von außen, aber es kann sich wieder reinigen und läutern, kann sich erheben zu einem sinnlichkeitsfreien Anschauen und dadurch zu der Geistigkeit gelangen, aus der es selbst herausgeboren ist. Dies ist der Prozeß der geistigen Erkenntnis, die durch Läuterung und Reinigung geht.«[77]
Diese Läuterung und Reinigung kann z. B. durch eine tiefere Betrachtung der Natur bewirkt werden. Denn indem der Mensch nach Erkenntnissen strebt, taucht sein Denken ein in die objektiven Gesetze der Weltordnung und stellt die subjektiven Wünsche und Begierden der Seele zurück. Schon vom Beginn des naturwissenschaftlichen Zeitalters an, wurde das Lesen im »Buch der Natur« als ein Erziehungsmittel der Seele angesehen, das den Geist freimachen sollte, in den Bereich der Wahrheit einzudringen: »Es handelt sich hier um das ›Buch der Natur‹, das von den heiligen Schriften so hoch gefeiert wird. Paulus hält es den Heiden vor, auf daß sie in ihm *Gott wie die Sonne* im Wasser ... betrachten mögen. Warum sollen nun wir Christen uns weniger an dieser Betrachtung ergötzen, da es doch unsere Aufgabe ist, Gott auf die *wahre Weise* zu feiern, zu verehren und zu bewundern? Unsere Andacht ist dabei um so tiefer, je besser wir die Schöpfung und ihre Größe erkennen ... Unser Bildner hat zu den Sinnen den Geist gefügt, ... daß wir vom Sein der Dinge, die wir mit Augen betrachten, zu den Ursachen ihres Seins und Werdens vordringen ... Und wie der Leib des Menschen durch Speise und Trank erhalten wird, so wird die Seele des Menschen ... durch jene Nahrung in der Erkenntnis am Leben erhalten, bereichert, gewissermaßen im Wachstum gefördert ... So wird der edelmütige und weise Mensch an diesen Forschungen dann erst Geschmack finden, wenn er seinen Blick emporwendet zum großen Reich der ganzen Erde, um alles genau kennenzulernen.«[78]
Die Natur schafft überall lebendige Wesen. Wenn wir versuchen wollen, in dieses Schaffen einzudringen, müssen wir ein Denken und Beobachten entwickeln, das diese dauernden Umgestaltungen zu erkennen vermag. »Betrachten wir aber alle Gestalten, besonders die organi-

77 Rudolf Steiner, Vortrag vom 29.4.1909, GA 57, S. 375.

78 Johannes Kepler, Das Weltgeheimnis, 1596, aus der Widmung.

schen, so finden wir, daß nirgend ein Bestehendes, nirgend ein Ruhendes, ein Abgeschlossenes vorkommt, sondern daß vielmehr alles in einer steten Bewegung schwanke. ... Das Gebildete wird sogleich wieder umgebildet, und wir haben uns, wenn wir einigermaßen zum lebendigen Anschaun der Natur gelangen wollen, selbst so beweglich und bildsam zu erhalten, nach dem Beispiele, mit dem sie uns vorgeht.«[79] Dies bereitet aber gewisse Schwierigkeiten, weil unser heutiges Denken normalerweise so funktioniert, daß wir nur feste, genau umrissene Vorstellungen bilden können. Wir sind erst zufrieden, wenn wir präzise Definitionen gefunden haben und mit diesen arbeiten können. »Wenn man sich im Sinne der heutigen intellektualistisch-materialistischen Wissenschaft der Erkenntnis hingibt, so versucht man durch Gedanken die Welt erkennend zu erfassen. Man hat zuletzt eine Summe von Gedanken, welche einem die Naturerscheinungen, die Naturwesen gedankenmäßig, vorstellungsmäßig repräsentieren. Man spricht Naturgesetze in Gedanken aus. ... Wenn man sich der heutigen gebräuchlichen Wissenschaft hingibt, so gibt man sich toten Gedanken hin, und man sucht auch die toten Gedanken in den Naturerscheinungen auf. Alles das, was wir als Naturgeschichte aussprechen, ... sind tote Gedanken, sind Gedanken, welche die Leichname sind dessen, was unsere Seele war, bevor sie aus dem überirdischen Dasein in das sinnliche heruntergestiegen ist. ... Wenn wir den Leichnam eines Menschen erblicken, so wissen wir aus der Form, daß er nicht durch bloße Naturgesetze, wie wir sie kennen, in diese Form gebracht worden sein kann, sondern er ist zuerst gestorben. Er war zuerst lebendig und ist gestorben, ist dadurch ein Leichnam geworden. Der wirklich Erkennende weiß, daß seine Gedanken, die in ihm sind, die Leichname jener lebendigen Seelenwesenheit sind, in der er, bevor er auf die Erde herabgestiegen ist, gelebt hat. ... Das macht die Abstraktheit der Gedanken, daß sie eben Leichname sind.«[80] In früheren Zeiten war aber das Verhältnis des Menschen zur Welt ein anderes, als es heute ist. »Das Weltall wurde als ein Lebendiges angesehen. Man braucht nur eine wirkliche Einsicht in ältere Begriffsgebilde zu bekommen, so weiß man, daß das Tote eigentlich etwas war, was aus dem Lebendigen, das ausgebreitet gedacht wurde über die ganze Welt, herausfallend gedacht wurde, so

79 J. W. Goethe, Zur Morphologie, aus dem Abschnitt: Die Absicht eingeleitet.

80 R. Steiner, Vortrag vom 18. 5. 1923, GA 276, S. 112.

wie wir etwa die Asche aus dem Verbrennenden herausfallend finden. Es war eine ganz andere Empfindung gegenüber dem Weltall beim Menschen vorhanden. Er sah das Weltenall als einen großen lebendigen Organismus an, und das Tote, also zum Beispiel die ganze Summe des mineralischen Reiches, sah er an wie die Asche, die herausgefallen ist aus dem Weltenprozesse, und die tot geworden ist, weil sie Abfall ist des Lebendigen. Diese Empfindung gegenüber der Welt ist nun allerdings in den letzten Jahrhunderten wesentlich anders geworden.[81] ... Der Mensch liebt heute, wenn man sich etwas paradox ausdrücken darf, in seinen Begriffen das Bequeme. Es ist so, daß dieses Hinneigen zum *starren Begriff*, zu dem Begriff, der in *scharfen* Konturen gefaßt werden kann, nur auf das Tote anwendbar ist, das sich nicht rührt und daher den Begriff starr sein läßt. Aber es ist doch so, daß dieses Leben in den starren Begriffen, die sich eigentlich um nichts äußerlich Lebendiges mehr kümmern, dennoch dem Menschen die Möglichkeit gegeben hat, innerlich das Bewußtsein der Freiheit zu erringen.

Zweierlei ist es eben, was heraufgekommen ist dadurch, daß der Mensch in seinen Begriffen völlig tot geworden ist. Auf der einen Seite das Bewußtsein der Freiheit, auf der anderen Seite die Möglichkeit, nun die starren Begriffe, die vom Toten genommen werden und nur auf das Tote anwendbar sind, in der großartigen triumphalen Technik anzuwenden, die ja darauf angewiesen ist, eine Verwirklichung des starren Ideensystems zu sein. Das ist die eine Seite der Entwicklung, welche die neuere Menschheit durchgemacht hat. Man muß ebenso verstehen, wie der Mensch aus dem Lebendigen gewissermaßen sich herausgeschnürt hat, wie ihm das Lebendige fremd geworden ist, wie man auch einsehen muß: Wenn der Mensch dem Toten gegenüberzustehen hat, so hat er, wenn er nicht in dem Toten verbleiben will, sondern in sein Gemüt den Impuls des Lebendigen aufnehmen will, aus seiner eigenen Kraft dieses Lebendige zu finden«[82] (Abb. 24).

Darin besteht aber gerade die Aufgabe der Schulung, wieder lebendig zu machen, was heute normalerweise nicht mehr als Lebendiges erlebt wird. Goethe versuchte dies durch die Ausbildung eines konkreten, beweglichen Vorstellungslebens zu erreichen. Früchte dieser Übungen sind dann z. B. die »Metamorphose der Pflanzen« und die Entdeckung

81 R. Steiner, Vortrag vom 18. 2. 1923, GA 221, S. 125.

82 op. cit. S. 126.

der Urpflanze. Wenn in dieser Richtung weiter gearbeitet wird und es gelingt, die eigenen Vorstellungen ebenso exakt zu gestalten wie die Natur die Lebewesen, und es gelingt, diese Prozesse gleichzeitig zu beobachten, dann kommt man hinein in das nichtsinnliche Kräfteweben der Natur selbst: »Indem wir die äußerliche Natur um uns sehen, sehen wir durch die Kräfte der Natur auch den Menschen in sein physisches Dasein hereintreten. Wir wissen aus alldem, was uns aus der Geisteswissenschaft kommen kann, daß wir die Natur nicht im rechten Sinne betrachten, wenn wir sie nur ihren physisch-sinnlichen Äußerlichkeiten nach ansehen. Wir wissen, daß göttliche Kräfte die Natur umwe-

Abb. 26 Der König bringt der Triade Osiris, Isis und Horus, die sich in einem Schrein befinden, die Maat dar. Flachrelief im Tempel Sethos I. in Abydos, 19. Dynastie, um 1300 v. Chr.

ben, und wir werden unseres Ursprungs aus der Natur nur dann im wahren Sinne des Wortes bewußt, wenn wir auf dieses die Natur durchwallende und durchwebende Göttliche hinsehen können. Dann blicken wir auf zu den *Vater*prinzipien der Natur. Alles was die Natur als Göttliches durchwallt und durchwebt, sind uns Vaterprinzipien im Sinne älterer Religionen und auch im Sinne des richtig verstandenen Christentums. Ob wir gewahr werden, wie das Blümchen auf dem Felde wächst, ob wir gewahr werden, wie aus der Wolke der Donner rollt und der Blitz zuckend niederschießt, ob wir die Sonne über den Himmel gehen und die Sterne leuchten sehen, ob wir die Quellen und den Strom rauschen hören – wenn wir das, was in diesen äußeren Offenbarungen des Naturdaseins sich geheimnisvoll als der *Ursprung alles Werdens* zeigt, gewahr werden, dann werden wir auch dessen gewahr, was uns selber durch das Mysterium der physischen Geburt in diese Welt hereinstellt. ... Zum vollen Menschsein genügt es aber nicht, bloß geboren zu werden, bloß also durch diejenigen Kräfte in der Welt anwesend zu sein, die als physische Geburtskräfte alle Wesen und auch den Menschen ins Dasein führen. ... Das wahre Menschsein kann nicht einfach in uns geboren werden, sondern es muß im Innersten der Seele neugeboren werden.«[83]

Die Fähigkeit, die ausgebildet werden muß, um zu dieser Neugeburt des Menschen zu gelangen, nennt Rudolf Steiner das »reine Denken«: Es geht darum, nicht nur bewegliche Vorstellungen auszubilden unter Anleitung der Sinneswahrnehmung, sondern den Vorstellungsprozeß (auch nichtsinnlicher Begriffe) so zu beobachten, daß man in das Leben des Gedankenbildens selber hineinkommt. »Die Grundlage für alle anthroposophische Geisteswissenschaft ist also die innere Aktivität, das Aufrufen zu innerer Aktivität, das Appellieren an das im Menschen, was noch tätig sein kann, wenn alle Sinne schweigen. Es ist die Denktätigkeit, die dann in Regsamkeit ist. Da liegt aber etwas außerordentlich Bedeutsames vor. Stellen Sie sich jetzt einmal vor, sie könnten das... Dann beginnt für Sie der Moment, wo Sie das Denken bis zu einem Punkte geführt haben, an dem es gar nicht mehr Denken genannt zu werden braucht. ... Es ist nämlich dieses mit Recht *›reines Denken‹* genannte Denken *reiner Wille* geworden. ... Damit aber beginnt das reine

83 R. Steiner, Vortrag vom 23. 12. 1920, GA 202, S. 214 f.

Denken ... nicht nur eine Denkübung zu sein, sondern eine Willensübung, und zwar eine solche, die bis ins Zentrum des Menschen eingreift. ... Und wenn Sie mit innerlichem Anteile so etwas studieren, ... was dieses reine Denken ist, so fühlen Sie, daß ein neuer innerer Mensch in Ihnen geboren ist, der aus dem Geiste heraus Willensentfaltung bringen kann.«[84]

Der Mensch kann sich auf dieser Stufe sagen: »Wenn ich nunmehr auch alles außer acht lasse, was mir die physische Außenwelt an Eindrücken geben kann, so blicke ich in mein Inneres doch nicht wie auf ein Wesen, dem alle Tätigkeit erlöscht, sondern ich schaue auf ein Wesen, das sich seiner selbst bewußt ist in einer Welt, von der ich nichts weiß, solange ich mich nur von jenen sinnlichen und gewöhnlichen Verstandeseindrücken anregen lasse. Die Seele hat in diesem Augenblicke die Empfindung, daß sie in sich selbst ein neues Wesen als ihren Seelenwesenskern ... geboren habe. Und dieses Wesen ist ein solches von ganz anderen Eigenschaften als diejenigen sind, welche vorher in der Seele waren«[85] (Abb. 26).

Die Schulung führt den Menschen über das »reine Denken« zu zwei Erweiterungen des normalen Bewußtseins: Die eine ist die immer genauere Beobachtung der nichtsinnlichen Welt im eigenen Denkprozeß, der zwar durch ihn selbst bewirkt wird, in dem sich aber die Gesetzmäßigkeiten der Welt offenbaren. Die andere ist die Empfindung, die allerdings erst dann eintritt, wenn er schon ein bestimmtes Stadium der Schulung erreicht hat, daß er ein neues Wesen in sich geboren habe!

Die Parallelität dieser Erlebnisse zu den ägyptischen Bildern wird noch deutlicher, wenn wir uns die näheren Einzelheiten anschauen. Überraschend ist zunächst einmal, daß die ägyptische Schulung auch eine Denkschulung gewesen ist.[86] Das wird im Bilde dadurch ausgedrückt, daß der Prozeß, der in die übersinnlichen Welten führt, eingeleitet wird durch das Eintreten der Sonne in den Kopf der Isis. Dieser Vorgang wird gleichzeitig als eine Befruchtung, als nachtodliche, jungfräuliche Zeugung angesehen: »Dein Verborgener im Leib, Jungfrau, ist es, den du empfingst und gebären wirst den Göttern! Der Same des Osiris ist er.«[87]

Was ist mit einer jungfräulichen Zeugung, die im Kopf stattfindet,

84 R. Steiner, Vortrag vom 12. 10. 1922, GA 217, S. 139.

85 R. Steiner, Die Geheimwissenschaft im Umriß, Stuttgart 1955, S. 324.

86 Also nicht zu den orientalischen Schulungswegen gehörte, bei denen durch körperliche Übungen versucht wird, in die übersinnliche Welt einzudringen.

87 CT 148, aus M. Münster, Untersuchungen zur Göttin Isis, Berlin 1968, S. 7.

Abb. 27 Die nachtodliche Zeugung des Horus. Über der aufgebahrten Leiche des Osiris schwebt Isis als Falkenweibchen und empfängt von ihm den Samen. Zu Füßen und Häupten wird er von zwei weiteren Falken umfangen. Rechts und links von der Löwenbahre stehen Isis und Horus. Relief aus dem Sokarraum im Tempel Sethos I. in Abydos, 19. Dynastie.

gemeint? Der Zusammenhang mit dem Denken ist augenscheinlich. Dabei braucht man sich nicht einmal an Athene zu erinnern, die griechische Göttin des Denkens, die immer Jungfrau (Parthenos) genannt wird. Auch die deutsche Sprache spricht immer dann von Über-Zeugung, wenn ein Mensch glaubt, eine Gedankenfolge vollständig überblickt zu haben, und er das Ergebnis festhalten kann.
Diese Zeugung wird auch so dargestellt, daß der tote, von Mumienbinden umhüllte Osiris die Isis begattet. Wie ein starres, totes Wesen liegt Osiris da, völlig unbeweglich. Da Osiris aber auch der Sonnen-

gott ist – der, wie es im ausführlicheren Mythos heißt, von Seth zerstückelt und in die ganze Welt verstreut worden ist –, begegnet uns überall in den Werken der Schöpfung ein Glied des in die Welt hineingestorbenen *Vater*-Gottes. Auch das ist wieder ein Bild für unser normales, unbewegliches Vorstellungsleben. Denn die Vorstellungen, die wir uns von der Welt gebildet haben, enthalten kein Leben mehr, sind starr und festgebunden wie der Leib des Osiris. Erst Isis, die Mutter des Toten, sucht die einzelnen Glieder wieder zusammen, belebt den Leib und empfängt von ihm den Samen[88] (Abb. 27).

»Isis, die Mächtige, die Schützerin ihres Bruders,
die ihn suchte, ohne zu ermüden,
die dieses Land durchlief in Trauer
und nicht ruhte, bis sie ihn gefunden hatte;
...
die seinen Samen aufnahm und den Erben schuf,
die das Kind säugte in der Einsamkeit, man weiß nicht wo,
die ihn einführte, als sein Arm stark geworden war,
in die Halle des Geb –
Die Neunheit freute sich:
›Willkommen, Osiris' Sohn,
Horus mit tapferem Herzen, gerechtfertigter,
Sohn der Isis, Erbe des Osiris!‹«[89]

Der Samen, mit dem Isis befruchtet wird, ist »spitz« und »scharf«.

»Osiris!
Wende dein Gesicht, damit du auf diesen König siehst,
deinen Samen, der aus dir hervorgegangen ist, den scharfen.«[90]

Auch da leben wieder in der deutschen Sprache die gleichen Bilder, denn es gibt *scharfe* Denker, *spitz*findige Leute, *scharf*sinnige Forscher, usw. Es sind eben diejenigen, die die genauen Konturen der Begriffe auffassen und mit ihnen umgehen können. Gelingt es dann weiter, in das gestorbene Denken einzudringen, d. h. den Bildeprozeß zu verfolgen, der einer bestimmten Vorstellung vorausgeht, dann kommt man hinein in das lebendige Weben der Zusammenhänge. Schon zur Defi-

88 Vgl. dazu den Anfang der Sonnenlitanei (ab Vers 17), wo Re mit den Leichnamen der Götter gleichgesetzt wird. Siehe E. Hornung, Das Buch der Anbetung des Re im Westen, Aegyptiaca Helvetica 3/1976.

89 ÄHG, Nr. 213, S. 446.

90 PT, Spr. 219, § 186b.

nition eines Begriffes braucht man Begriffe, ohne deren Mithilfe das Zuendebringen (de-finieren) gar nicht erreicht werden könnte. Sensible Menschen haben das immer gewußt: »Was wir so trocken, abstrakt hier betrachten, ist konkret. Solches Zeug, sagt man, die Abstraktionen, die wir betrachten, wenn wir so in unserem Kabinet die Philosophen sich zanken und streiten lassen, und es so oder so ausmachen, sind Wort-Abstraktionen. – Nein! Nein! Es sind Taten des Weltgeistes, meine Herren, und darum des Schicksals. Die Philosophen sind dabei dem Herrn näher, als die sich nähren von den Brosamen des Geistes; sie lesen, oder schreiben diese Kabinetsordres gleich im Original: sie sind gehalten, diese mitzuschreiben. Die Philosophen sind die Mysten, die beim Ruck im innersten Heiligthum mit und dabei gewesen.«[91] Dieses Dabeisein wird in der geisteswissenschaftlichen Schulung bewußt zu entwickeln gesucht: »Es ist vielleicht einfach ausgedrückt, aber es ist so gemeint, daß man gar nicht anders kann, wenn man das Denken wirklich erlebt, daß man sich fühlt nicht mehr außer dem Weltgeheimnis, sondern im Weltgeheimnis drinnen, daß man sich fühlt nicht mehr außerhalb des Göttlichen, sondern im Göttlichen. Erfaßt man das Denken in sich, so erfaßt man das Göttliche in sich.«[92]
Im Göttlichen drinnen sein, im Weltgeheimnis drinnen sein, ist ja nichts anderes, als in Isis sein! Und da die eigene Seele (Ba) dieses Innensein ermöglicht, ist Isis mit dem Ba verwandt. Aus dem Ba entsteht der Ach, wie aus Isis der Horus. Und wie Isis die Mutter des Horus genannt wird, so ist die Seele die Mutter des wahren geistigen Menschen. Bei dieser Geburt hat sich das »reine Denken« in »reinen Willen« verwandelt; die Sonne, die in den Kopf eintrat, kommt zwischen den Schenkeln wieder hervor. Ist dieses Ereignis eingetreten, ist die »Krönung« vollzogen worden, dann darf der König zwei seiner Namen in Kartuschen schreiben: Der eine Name ist sein Geburtsname, seiner physischen Geburt entsprechend; der zweite Name, den er bei der Krönung erhält, weist hin auf seine geistige Geburt. Erst der Besitz der beiden Namen kennzeichnet einen ägyptischen König!

Ein Bild aus den Pyramidentexten möge dieses Kapitel zusammenfassen und abschließen. Das Bild knüpft an eines der bekanntesten Sym-

91 G. W. F. Hegel, Vorlesungen über die Geschichte der Philosophie, Bd. 3 Jubiläumsausgabe S. 95.

92 R. Steiner, Vortrag vom 23. 11. 1923, GA 232, S. 10.

93 In ZDMG 118/1968, S. 248 f. und in ZÄS 92, S. 138.

bole Ägyptens an, das Horus- oder Udjat-Auge (Fig. 21). Wie W. Westendorf gezeigt hat[93], ist dieses Auge aus drei Teilen zusammengesetzt: aus dem menschlichen Auge; aus einem senkrechten Strich, der vom Falkenauge kommt; und aus einem schrägen Strich, der sich spiralig einrollt und der vom Löwenauge stammen könnte. Damit ist das Horusauge ein Symbol für den Kreislauf der Sonne, wobei der Falkenaspekt auf die Tagessonne (fliegende Sonnenscheibe, Horusfalke), der Löwenaspekt auf die Nachtsonne (Himmelsgöttin in Löwengestalt) hinweisen würde. In den Pyramidentexten wird nun berichtet, daß das Horusauge, bzw. die beiden Horusaugen – das weiße und das schwarze (d.h. Tages- und Nachtsonne) – ihren Träger verlassen haben, um dann als Kronen von Ober- und Unterägypten zu ihm zurückzukehren.[94] Die Metamorphose wäre dabei so zu denken, daß sich das weiße Auge, die Tagessonne, in die »weiße«, die oberägyptische Krone, verwandelt habe, das schwarze Auge, die Nachtsonne, in die unterägyptische Krone.[95] Schon äußerlich macht auf diesen Zusammenhang aufmerksam die Ähnlichkeit des schrägen Lidstrichs des Udjatauges mit dem eingerollten Draht der unterägyptischen Krone (Fig. 22). Denn dies sind die beiden einzigen Zeichen Ägyptens, in denen Spiralen auftreten!

Gibt es ein schöneres Bild für das, was bei der Krönung geschieht: Die äußeren Augen, die zur Wahrnehmung der erscheinenden Welt dienen, schwinden; aber sie kommen zu Kronen verwandelt von oben aufs Haupt zurück, höhere Wahrnehmungsorgane, innere Augen werdend.

»Isis und Nephtys veranlaßten, ... daß deine beiden Augen in deinem Haupte erschienen ... die Tag- und Nachtbarke«.[96]

Fig. 21 Das Udjat-Auge

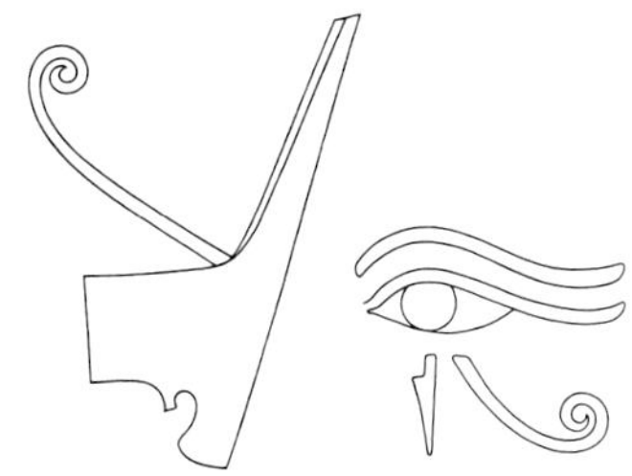

Fig. 22 Unterägyptische Krone und Udjat-Auge

94 PT. § 33; 823; 1624; 1832 vgl. dazu S. Schott, Bemerkungen zum Pyramidenkult, in: Beiträge zur ägyptischen Bauforschung, Heft 5, Kairo 1950, S. 160.

95 Daß die unterägyptische Krone, wie schon der Titel bjt (vgl. Anm. 54) mit der Unterwelt in Verbindung gesehen wird, widerspricht nicht der Tatsache, daß Unterägypten auch ein sichtbares Land ist. Aber es kann als Bild dienen.

96 Pyr. Spr. 670, § 1981 c. Nephtys ist die Schwester der Isis, die hier in völlig gleicher Funktion wie sie zu denken ist.

# Sinn und Bedeutung der Pyramiden

HEUTE WERDEN DIE PYRAMIDEN nur als riesige Grabstätten gesehen. Aber aus den bisher beschriebenen Phänomenen läßt sich vermuten, daß sie nicht nur zur Aufnahme der Leichname gedient haben können. Gewiß sind sie auch als Grab benutzt worden. Darauf deutet schon der an manchen Pyramiden jahrzehntelang ausgeübte Totenkult, von dem wir durch Inschriften wissen. Auch hätte man sonst keine Einrichtungen ersinnen müssen (Fallsteine), die die Pyramiden endgültig verschließen sollten, und auch nicht jeder König hätte sich eine eigene erbauen lassen. Aber warum hat man dann nicht in allen Pyramiden Särge gefunden?[97] Warum haben einzelne Pharaonen mehrere Pyramiden bauen lassen?[98] Warum gibt es bei verschiedenen Pyramiden Luftschächte zu den Sargkammern? Warum fand man keine Mumien oder Leichenreste aus dem Alten Reich?[99] Gewiß, die Pyramiden sind alle einmal erbrochen und nach Schätzen durchsucht worden. Vielleicht schon zur Zeit der Wirren am Ende des Alten Reiches. Aber warum brauchten manche Pyramiden mehrere Zugänge? Warum gibt es eine alte Tradition, die von herausnehmbaren oder drehbaren Steinen berichtet,[100] die die Eingänge öffneten? Alle diese Fragen finden ihre Antwort, wenn man den Zusammenhang erkannt hat, der zwischen Tod und Einweihung, zwischen Tod und »Krönung« besteht. Weil der Pharao, um in den Weltinnenraum der Isis eingeführt werden zu können, die Schwelle des Todes überschreiten mußte, d.h. sterben mußte, so liegt es nahe, daß der Ort dieser Initiation auch äußerlich mit dem Grabe verbunden sein mußte. Die Ägypter haben keine Beschreibung hinterlassen, wie die Einweihung im einzelnen vor sich gegangen ist. Das war streng gehütetes Geheimnis, dessen Verrat ja mit dem Tode bestraft worden wäre.[101] So sind wir auf Indizien angewiesen, die uns an der einen oder anderen Stelle auf die wirklichen Zusammenhänge hinweisen. S. Schott erschließt eine »Krönung am Grabe« aus verschiedenen Totentextsammlungen,[102] und J. Spiegel rekonstruiert ein »Auferstehungsritual«, das in den Innenräumen der Unaspyramide dargestellt worden ist,[103] aus den Texten der Unaspyramide. Wir würden aber über die Wahrscheinlichkeit solcher Ergebnisse nicht hinausgelangen können, wenn uns nicht R. Steiner, aus ganz eigenen Quellen schöpfend, die alten Einwei-

97 z. B. Medum, Knickpyramide, rote Pyramide.

98 Snofru, mindestens zwei, wenn man Medum Huni zurechnet.

99 Die bis 1956 unerbrochene Pyramide des Sechemchet enthielt einen zwar noch verschlossenen, aber leeren Sarg!

100 Strabon XVII–1–33, vgl. dazu J. Ph. Lauer in: Orientalia 36/1967, S. 239 f.

101 vgl. Text zu Anm. 38, S. 61.

102 In: Beiträge zur Ägyptischen Bauforschung 5, S. 160.

103 J. Spiegel, Das Auferstehungsritual der Unaspyramide, Wiesbaden 1971.

hungspraktiken genau beschrieben hätte. »Nun verstand man immer mit Recht unter der Einweihung, daß der Mensch schon während des Lebens erfahren kann, was er normalerweise erst nach dem Tode erfährt: die unmittelbar erlebte Gemeinschaft mit der geistigen Welt.«[104]

Diese Fähigkeit erlangte der Mysterienschüler aber erst durch eine einmalige Handlung, die eigentliche Initiation. »Das ist die alte Art zur Initiation zu kommen, zuerst seine Seele reif zu machen, alles vorzubereiten, was die Seele reif machen kann, dann durch ... dreieinhalb Tage hindurch in einen Zustand gebracht zu werden, in welchem man völlig der äußeren Welt entrückt ist und auch den Werkzeugen, mit denen man die äußere Welt wahrnimmt. Daher wurden die, welche in die geistige Welt hinaufgeführt werden sollten, zuerst sorgfältig vorbereitet; ihre Seele wurde zum Erkennen des geistigen Lebens präpariert. Dann wurden sie durch dreieinhalb Tage der Welt entrückt und dazu an einen Ort gebracht, wo sie auch durch ihre äußeren Sinne nichts wahrnehmen konnten, wo ihr Körper in einem todähnlichen Zustand war, und nach dreieinhalb Tagen wurden sie wieder auferweckt; da wurde ihre Seele wieder in den Körper zurückgerufen. Dann waren solche Menschen fähig, sich an das, was sie als Anschauung der höheren Welten empfangen hatten, zu erinnern und selber von den geistigen Welten zu künden. Das war das große Geheimnis der Initiation, daß die lange vorbereitete Seele durch dreieinhalb Tage aus ihrem Körper herausgeführt wurde in eine ganz andere Welt; da war sie abgeschlossen von der äußeren Welt und drang in die geistige Welt ein.«[105]

Dieser Ort, an dem die Adepten auch durch ihre äußeren Sinne nichts wahrnehmen konnten, war im Alten Reich die Pyramide: »Wir finden ... den Pyramidenbau ... als Umschließung des heiligsten Geheimnisses der Menschheit: der Initiation, der Einweihung. Wir finden den Bau als etwas, was sich von der Außenwelt abschließt, weil es sich abschließen soll in seinem inneren, geheimnisvollen Gehalte.«[106]

Während der Initiation wurde die Seele, der Ba, des Einzuweihenden, nachdem vorher die Zeiten der Vorbereitung und Reinigung vorausgingen, »in die geistige Welt hinaufgeführt«. Dieser Vorgang wird in den Pyramidentexten folgendermaßen beschrieben:

104 R. Steiner, Vortrag vom 13.8.1908 in: Welt, Erde und Mensch, GA 105, S. 150.

105 R. Steiner, Vortrag vom 26.9.1909, Das Lukas-Evangelium, GA 114, S. 202.

106 R. Steiner, Vortrag vom 12.12.1911, Die Ziele des Johannisbauvereins, S. 11.

»Du stiegst auf, indem du hinabstiegst
in deinem Hinabsteigen mit Re,
in Dunkel gehüllt mit dem Niedergesunkenen. (= Leichnam)
Du stiegst auf in deinem Hinabsteigen,
Du steigst herauf mit Re,
Du gehst auf mit dem ›großen Nachen‹.
...
Du bist geboren wegen des Horus (in dir),
Du hast dich gereinigt im Falkengau,
Du hast deine Reinigung empfangen im Gau von Heliopolis von deinem Vater, von Atum
Du hast Gestalt gewonnen
Du bist hoch geworden.
Du bist Geist geworden.
...
Atum! Laß diesen Unas zu dir aufsteigen,
Dein Sohn ist er von deinem Leibe für unwandelbare Dauer.«[107]

Die Form der Pyramide bildet äußerlich ab, was innerlich erlebt wurde:

»Re-Atum, es kommt zu dir dein Sohn,
es kommt zu dir Unas,
ein unvergänglicher Geist,
Herr über die Angelegenheiten der Stätte der vier Papyrussäulen,
Laß ihn zu dir aufsteigen.«[108]

Die Stätte der vier Papyrussäulen ist Ägypten, das von den vier Himmelsstützen eingefaßt wird. Welch schönes Bild für den Aufstieg des Ba, sein Immer-unabhängiger-Werden vom Irdischen haben wir da in der Pyramide vor uns! Je höher der Ba steigt, desto mehr nimmt der quadratische Querschnitt der Pyramide ab, bis er schließlich im obersten Punkt des Pyramidions die Sinnenwelt verläßt:
»Atum-Chepri, du bist erschienen als Benbenstein ...«[109]
Noch am Ende des Neuen Reiches wird eine kleine Pyramide auf dem Grab einer vornehmen Dame errichtet, damit Osiris »ihren Ba heraus-

107 Pyr. Spr. 222 § 209a f., Übersetzg. aus J. Spiegel, Auferstehungsritual, S. 216.

108 Pyr. Spr. 217 § 152a und 160b.

109 Pyr. Spr. 600 § 1652b.

110 H. Schäfer, ZÄS 66/1930, S. 70.

kommen lasse und er sich niederlasse auf ihrer Pyramide und den Aufgang der Sonne schaue«.[110]

Wenn der Ba weiter in den Kosmos aufsteigt, läßt er das Irdische ganz unter sich, die Himmelsrichtungen werden unwirksam und liegen schließlich ermattet vor Atum am Boden (Fig. 23).[111] Andere als räumliche Gesetze fangen an zu gelten.

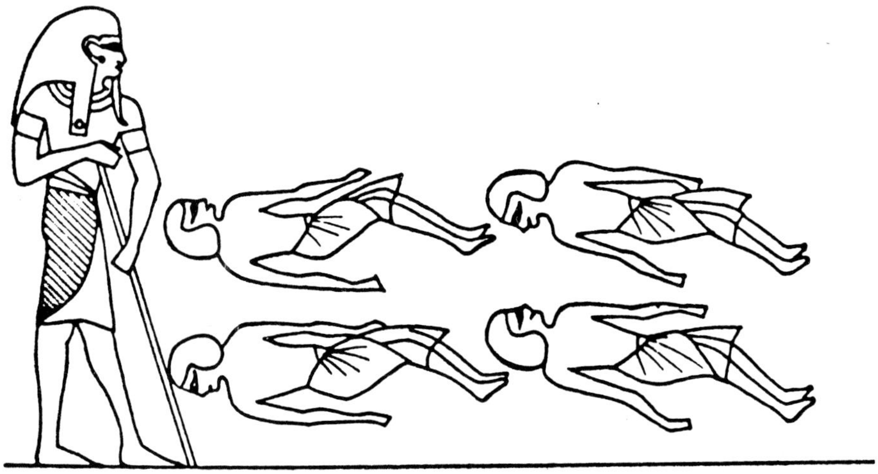

Fig. 23 Atum und die vier »Müden«, den vier Himmelsrichtungen entsprechend (nach E. Hornung).

Wenn nun die Pyramide ein Sinnbild für den Aufstieg des Ba in den Kosmos ist, so können wir erwarten, daß bestimmte Bauglieder derselben bestimmten Bereichen dieses Kosmos entsprechen. »Dementsprechend stellt ihr oberirdischer Teil die Himmelsgöttin Nut dar, ihr unterirdischer Teil die ihr korrespondierende Göttin des Gegenfirmamentes Naunet, die das die Unterwelt erfüllende Urgewässer Nun umschließt. (Vgl. Pyr. Spr. 219 § 179a). Dieser Grundkonzeption entspricht es, daß der First der giebelförmigen Decken von Mittelkammer und Sargkammer[112] genau die Niveaulinie erreicht. Die sternengeschmückte Decke dieser Räume stellt den Leib der Himmelsgöttin dar. Auf diese Weise bleibt der Gesamtschauplatz des Vollzuges des Begräbnisrituals der Sphäre der Unterwelt verhaftet, wie es seiner Sinngebung entspricht.«[113] Der Anschluß der Pyramide an das die Unterwelt erfüllende Urgewässer »Nun« wurde als so wichtig angesehen, daß noch Herodot berichtet, Cheops habe zu den unterirdischen Kammern seiner Pyramide Nilwasser durch einen Stollen geleitet.

111 Pfortenbuch 2. Stunde unteres Register. Vgl. E. Hornung, Ägyptische Unterweltsbücher, Zürich 1972, S. 31 und 205.

112 von der Unaspyramide.

113 J. Spiegel, Auferstehungsritual, S. 21.

Dort umflösse es eine Insel, auf der Cheops später bestattet worden sei.[114] Damit wird aber der *Urhügel* beschrieben, der am Beginn der Schöpfung aus der Flut auftauchte und dem Schöpfergott eine erste Stätte des Wirkens bot.[115] Insofern sich Cheops auf dem Urhügel befindet, ist er identisch mit dem Schöpfergott, mit Re.

Die Erklärung der Pyramide als Bild der Welt geht aber noch viel weiter: »Die Sargkammer wird als Repräsentation der Unterwelt, als *Dat* bezeichnet. Die Mittelkammer ist als Darstellung der irdischen Oberwelt *Achet* = ›Horizont‹ benannt. Der Serdab (= die drei östlichen Kammern) trägt als mythische Vergegenwärtigung des Himmels die Bezeichnung *Kebeḥu*. Die Mittelnische des Serdab ist als Residenz des Sonnengottes mit dem mythischen ›Gefilde der Binsen‹ gleichgesetzt. Die beiden Seitennischen gelten als die ›Stätten des Horus und Seth‹. ... Daneben wird die Mittelnische des Serdab, weil sie der Sitz des Sonnengottes ist, als Heliopolis bezeichnet. Als ihr Gegenpol ist der Westteil der Sargkammer, wo der Sarkophag steht, einmal (in Spr. 258 § 308 f.) Kus ... genannt ... Andererseits ist die Sargkammer mit Buto gleichgesetzt« (Fig. 24).[116]

Die Räumlichkeiten der Pyramide können also, und das ist bei allen Tempelräumen Ägyptens möglich, je nach den rituellen Erfordernissen den einen oder anderen kosmischen Raum darstellen. Dabei wird

114 Herodot II, 124 und 127 vgl. dazu Sch. Allam, in: ZÄS 91/1964, S. 138.

115 H. Brunner, Menes als Schöpfer, in ZDMG 103/1953, S. 25, vgl. dazu S. 167.

116 J. Spiegel, Auferstehungsritual, S. 25.

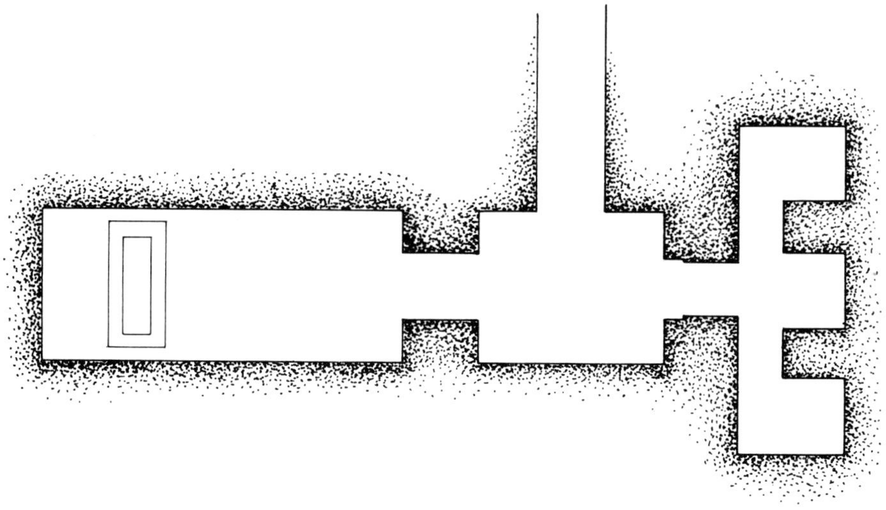

Fig. 24 Die drei Innenräume der Unaspyramide. Links (im Westen) die Sargkammer, rechts (im Osten) der Serdab.

immer von einer Einheit ausgegangen, die den gesamten Kosmos repräsentiert, etwa der Pyramide. Auch der Totentempel ist eine Einheit, in die durch Aushöhlung die einzelnen Kammern hereingebildet worden sind und die sich dann als Teile der Welt deuten lassen. Dieses Bauprinzip ist polar entgegengesetzt dem heutigen Rasterbau, wo man beliebig viele Bauteile aneinanderreihen kann. Da beide Male, die Pyramide wie auch der Totentempel, ein Bild des Ganzen sind, steht zu erwarten, daß sich einzelne ihrer Teile entsprechen können. Diesen Versuch haben H. Ricke und S. Schott gewagt,[117] um zu Deutungen der Funktion der Totentempel zu kommen. Nur unterscheidet sich das Innere des Totentempels von dem der Pyramiden insofern, als das eine in die Richtung der offenbaren Sonnenbahn eingebunden ist und sich durch den offenen Hof dem außen erscheinenden Sonnengott zuwendet; das andere indessen als reine Innenwelt ganz verborgen und abgeschlossen ist.

Alle diese Räume waren aber einst von Leben erfüllt: In den Tempeln fand der tägliche Kult statt, und auch in der Pyramide wurden Rituale vollzogen. In Kult und Ritual wurden mythische Begebenheiten dargestellt, die sich zwischen Göttern und Menschen abspielten, mit dem König, der in beider Welten Einblick hatte, als Mittler. Somit ist der ganze Pyramidenbezirk nicht nur als statisches Bild der Welt zu denken, sondern als eine Stätte, an der Götter mit Menschen lebten und handelten – als wirkliches und wirksames Bild des Kosmos.

In diesem Zusammenhang werden auch die geometrischen Gesetzmäßigkeiten verständlich, die in den Pyramidenbauten zu entdecken sind. Die Götter haben nämlich, und das war ein Wissen des ganzen alten Orients, die Welt so geschaffen, daß in ihr eine Ordnung zum Ausdruck kommt, die durch bestimmte Maß- und Zahlenverhältnisse bewirkt worden ist. Diese können durch Geometrie anschaubar gemacht werden. Wenn nun die Tempelanlagen Bilder des Kosmos sind, so können sie dies dadurch sein, daß bei ihrem Bau dieselben Gesetze wirksam sind wie bei der Erschaffung der Welt. Bei den Pyramiden sind diese Gesetze vor allem in den Proportionen der Dreiecke zu finden, die so gewählt sind, daß sie auf höhere, nicht nur im Dreieck liegende Gesetzmäßigkeiten hinweisen: z. B. auf den goldenen Schnitt in

117 Beiträge zur ägyptischen Bauforschung Heft 5, Kairo 1950.

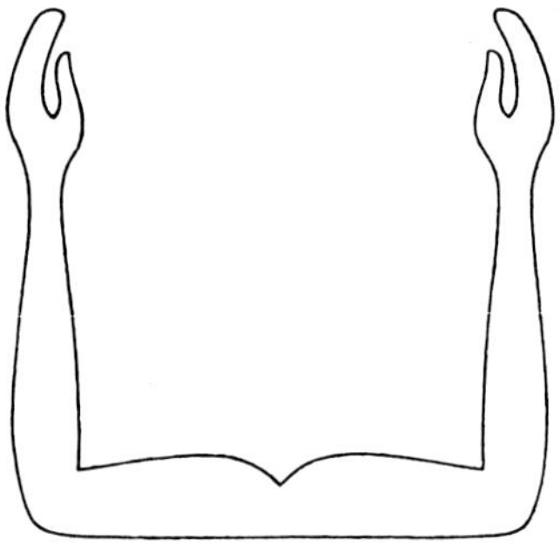

Fig. 25 Hieroglyphe des Ka

der Pyramide des Cheops oder auf die Zahl $\pi$ in den Pyramiden des Cheops und des Niuserre, oder auf das sogenannte heilige Dreieck mit den einfachen Seitenverhältnissen 3:4:5. Dabei ist zu berücksichtigen, daß die Zahlen in alten Zeiten noch eine qualitative Bedeutung tragen, die den Bauwerken, die aus solcher »Zahlen-Symbolik« entstehen, einen tieferen Sinn einprägen.[118]

Aber die Pyramide ist nicht nur ein Bild des Kosmos, sie hat auch teil an dem Leben, das im Kosmos wirkt. Da die Seitenflächen der Pyramide in die Himmelsrichtungen eingebunden sind, »ziehen diese Seiten ... den die Welt durchwirkenden ... Ka auf sich herab ... und leiten ihn ... der irdischen Lebenswelt ... als Kraftspender zu«.[119] Unter *Ka* versteht der Ägypter zum einen das jedem Menschen eigene Wesensglied, das ihm das leibliche Leben ermöglicht, und zum anderen das die Welt erfüllende Kräfteweben, das allem Lebendigen zugrunde liegt.[120] Geschrieben wird der Ka mit einem Zeichen, das zwei rechtwinklig gebeugte Arme zeigt (Fig. 25). Diese Rechtwinkligkeit hängt mit der Sonne zusammen, durchläuft sie doch während ihres Tageslaufes vier unterschiedene Stadien, – Aufgang, Höchststand, Untergang, Tiefstand – die jeweils aufeinander senkrecht stehen (siehe S. 55). Das Achsenkreuz der vier *Himmels*richtungen auf der Erde entspricht diesen Stellungen der Sonne. Auf- und Untergangspunkt der Sonne legen Osten und Westen fest; im Süden erreicht sie ihre höchste Stellung zu Mittag, den Norden durchläuft sie – unsichtbar – zu Mitternacht.

Die Sonne bestimmt durch ihren Gang aber nicht nur die Himmelsrichtungen auf der Ebene des Erdenplanes, sondern auch die Achse oben-unten. Denn ihr Aufsteigen am Morgen ist zusammenzusehen mit dem Aufrichten des Menschen in die Senkrechte, nachdem er die Nacht liegend verbracht hat:

»Am Morgen bist du aufgegangen im Horizont
und bist strahlend als Sonne des Tages.
...
Was auf Füßen steht, erwacht, du hast sie aufgerichtet.«[121]

Die senkrechte Richtung wird daher immer als die eigentliche Sonnenrichtung angesehen. In den Obelisken, die als ihre Spitze ein Pyrami-

118 Zur Symbolik der Zahlen sind uns zwar erst aus griechischer Zeit Hinweise erhalten (Platon, Pythagoras), aber was da gelehrt wurde, wurde von den Griechen selbst als ägyptische Überlieferung beschrieben. Vgl. hierzu J. Ph. Lauer, Le mystère des pyramides, Paris 1974, S. 296 und das Buch von E. Bindel, Die ägyptischen Pyramiden als Zeugen vergangener Mysterienweisheit, Stuttgart 1975[3], in dem die Zahlengesetzmäßigkeiten ausführlich dargestellt werden.

119 J. Spiegel, Auferstehungsritual, S. 25.

120 Vgl. dazu F. Teichmann, Der Ka, in: »die Drei« 1975, Heft 7/8, S. 360 f.

121 ÄHG Nr. 92.

dion tragen und zur Sonne weisen, erhält dieser Gedanke seine monumentale Gestaltung.
Die ganze räumliche Welt wird also, insofern sie von der Erde aus erfahren wird, durch den Lauf der Sonne geschaffen. In diese Raumeswelt ist die Pyramide vollkommen eingebunden. Ihre Spitze, das vergoldete Pyramidion, betont die senkrechte Richtung, ihr Grundriß wird durch das Achsenkreuz der Himmelsrichtungen konstituiert. Von außen betrachtet heißt das, daß der Ägypter die Pyramide als ein Monument erlebt hat, das den Raum um sich herum vollkommen bestimmt, wie »ausstrahlt«. Die drei Raumesrichtungen waren jedoch noch nicht gleichwertig. In senkrechter, himmlischer Richtung schneiden sich die Kanten der Pyramide in einem Punkt, in horizontaler Richtung, auf der Erdenebene sind die Schnittpunkte unendlich fern. Aber dort, am Rande der Erde, berührt sich die Erden- mit der Sonnensphäre bei Auf- und Untergang der Sonne. Dort ist das Tor zum »Himmel«, der Eingang zur »Unterwelt«, die »Achet«.
Die Zusammenschau von Ka, Himmelsrichtungen und Pyramide wird noch weiter gestützt durch die Verwendung der ägyptischen Maßeinheit, der Elle. Mit ihr wurde während der ganzen ägyptischen Kulturzeit gemessen. Ihre Länge las der Ägypter am rechtwinklig gebeugten Arm des Menschen ab, was auch das Determinativschriftzeichen für Elle zeigt (Fig. 26). Alle Kultbauten sind mit diesem Maß errichtet worden und erhielten durch die Verbindung der Elle mit den Gesetzen der Zahlen ihre Proportionen. Dennoch bleibt die Elle am fertigen Bau unsichtbar. Sie hat ihre Bedeutung nur während der Planung und Ausführung der Bauarbeiten. Diese verborgene Funktion der Elle entspricht wieder dem Ka, der ja auch der verborgene Baumeister aller Wesen ist, die in Erscheinung treten.[122]
Aber der Ka ist nicht nur der Erzeuger, er ist auch der Erhalter allen Lebens. Er bildet und erhält die menschliche Gestalt während des Erdenlebens und hat deren Form. Das Wesen des Ka zeigt sich in ihr, insofern sie in ihrer Räumlichkeit wieder ein Bild des Sonnenlaufes und seiner ihn konstituierenden Rechtwinkligkeit ist. So wußte der Ägypter seine Gestalt intim mit dem Sonnengott verbunden: Vorne, wo sich fast alle Sinnesorgane des Menschen konzentrieren, war für ihn dem Süden

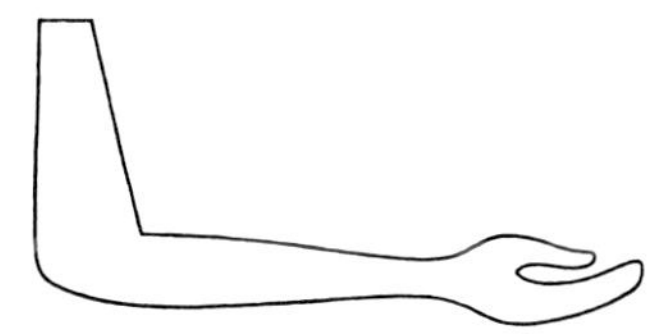

Fig. 26 Determinativschriftzeichen für Elle.

122 Eine Nebenbemerkung soll hier nicht unterdrückt werden. Auch unser Maß, das erklärtermaßen rationalistisch festgelegt worden sein soll, nämlich als zehnmillionster Teil des Umfangs des Erdquadranten, geht auf die ägyptische Königselle zurück. Ein Mitglied der ägyptenbegeisterten französischen Meter-Festlegungs-Kommission muß in die Auswertung der Erdvermessung eingegriffen und diese leicht korrigiert haben: Die ägyptische Elle ist (nach L. Borchardt, Beiträge zur ägyptischen Bauforschung I Kairo 1937, S. 8) genau 0,52355 m lang. Dies ist nun genau $\pi/6$, denn $6 \times 0{,}52355 = 3{,}1413$ ($\pi = 3{,}1415$). Das kann kein Zufall sein!

verwandt, der Richtung des höchsten Sonnenstandes; hinten entsprach dem Norden, wo die Sonne nie hinkam und seine Gestalt auch keine Sinnesorgane hatte; links gehörte zum Sonnenaufgang, rechts zum Sonnenuntergang. Im Alten Reich gab es noch nicht einmal eigene Worte für links und rechts, »links« hieß östlich, »rechts« westlich und vorne konnte südlich, hinten nördlich genannt werden. Erst im Laufe der Zeit hat sich der Mensch von der kosmischen Orientierung befreit und die Welt von seinem eigenen Mittelpunkt aus geordnet und beurteilt und dann auch eigene Namen für links und rechts gefunden.
Diese Einbindung der menschlichen Gestalt, des Mikrokosmos, in den Kosmos, des Makrokosmos, war dem Ägypter bewußt und wurde in den Sinn der Pyramide verschlossen:

»O Horus!
Ein Osiris ist dieser König,
ein Osiris ist dieser Bau,
ein Osiris ist diese Pyramide.
Nähere dich ihm,
entferne dich nicht von ihm,
in seinem Namen, Pyramide.«[123]

Die Pyramide kann also als Bild vom Leibe des Pharaos betrachtet werden. Denn mit ihr vereinigt sich der Sonnengott, allen sichtbar im Aufglänzen der Pyramidenform bei Tage, wie er sich mit dem Herrscher vereinigt. Die Vermittlung zwischen der göttlichen Sphäre und der irdischen Welt wird durch das Wirken des Ka ermöglicht.

»Atum, lege deine Arme um den König,
um dieses Werk, um diese Pyramide,
mit den Armen des Ka.«[124]

Dies ist die Beschreibung einer Geste, die der Übertragung des Ka dient und die im Schriftzeichen für Ka festgehalten ist (Fig. 27). Der Pharao empfängt durch diese Geste das Leben des Sonnengottes, das Leben des Kosmos. Die Pyramide ist die Begegnungsstätte von Gott und Pharao, dort strömt der göttliche Segen auf das Land herunter.

123 Pyr. Spruch 600 § 1657 f.
124 Pyr. Spruch 600 § 1653 b/c.

Das Gedeihen des Landes hängt von der Errichtung dieser Bauten ab!

Die Auffassung der Pyramide als Leib des Pharao wird auch noch dadurch verdeutlicht, daß der Ägypter die einzelnen Pyramiden benennt, wobei der Name etwas von ihrer Funktion offenbart: »Es erscheint die Verkörperung des Sahure«, »Neferirkare verkörpert sich«, »Verkörperung des Teti« und »Göttlich ist die Verkörperung des Neferefre«.[125] In der vierten Dynastie werden in den Pyramidennamen mehr die Eigenschaften der Pyramiden hervorgehoben, die auf die Vereinigung des Königs mit dem Sonnengott hinweisen: »Snofru glänzt«, »Cheops leuchtet«, »Mykerinos ist göttlich«.

Fassen wir nochmals die gesamte Pyramidenanlage in den Blick, so kommt auch in deren Viergliedrigkeit wieder ein Bild des Sonnenlaufes zum Ausdruck. Taltempel – Aufweg – Totentempel und Pyramide entsprechen den Phasen des Sonnenlaufes. Im Taltempel beginnt der Tagesweg der Sonne von Osten nach Westen – nach außen offenbar. Vielleicht stammt die Statue des Chefren mit dem Horusfalken nicht zufällig aus dem Taltempel, dem der Morgensonne (Horus) entsprechenden Bauglied. Im Totentempel wären dann Osiris-Statuen oder Osirispfeiler des Pharao zu erwarten.[126] Unter diesem Aspekt vertritt die Pyramide die Unterwelt – völlig undurchschaubar von außen, nur durch Einweihung oder Tod erfahrbar und nur von der auf der Ost-West-Richtung senkrecht stehenden Richtung her zugänglich.

Was ist also der Sinn und die Bedeutung der Pyramiden? Diese Frage läßt sich, und das geht aus dem hier geschilderten Zusammenhang hervor, nicht mit *einer* Antwort lösen. Immer wird man nur Teilaspekte dieser Frage beantworten können, je nach dem Gesichtspunkt, unter dem diese komplexen Anlagen betrachtet werden. Man sollte sich hüten, einen von ihnen zu verabsolutieren. Vier solcher Aspekte sind bisher dargestellt worden:

1. Die Pyramide als Grabanlage für den verstorbenen Pharao.
2. Die Pyramide als Stätte, in der die Krönung, die Einweihung des Pharaos stattfand und er in den nachtodlichen Bereich, in die übersinnliche Welt eingeführt wurde – um ein Ach zu werden.

Fig. 27 Die Umfassung der Pyramide durch den Ka.

125 Bei der Übersetzung des Begriffs Ba im Alten Reich folge ich hier E. M. Brinkmann, Versuch einer Deutung des Begriffs Ba, Diss. Freiburg i. Br. 1968.

126 Bis jetzt hat man leider nur sehr fragmentarische Statuenbruchstücke gefunden, die noch keine Rekonstruktion zulassen.

3. Die Pyramide als Bild des Kosmos, mit dem sich der Sonnengott verbunden hat und in dem er wirkt. Derselbe Aspekt kommt auch in dem Bild der Pyramide als Urhügel zum Ausdruck, auf den sich der Sonnengott niedergelassen hat und von dem aus er sein Schöpfungswerk beginnt.
4. Die Pyramide als Bild des menschlichen Leibes des Königs, mit dem sich der Sonnengott täglich vereint und so die Verbindung zwischen göttlicher und menschlicher Welt herstellt.

## Die Stufenpyramidenanlage des Königs Djoser in Sakkara

Gegenüber den bisher behandelten Pyramidenanlagen nimmt die Stufenpyramide des Königs Djoser eine Sonderstellung ein. Sie läßt sich nicht dadurch begründen, daß in ihr eben die älteste Pyramidenanlage vorliegt, in der die Ideen, die den späteren Pyramidenkomplexen zugrunde liegen, noch nicht ausgebildet waren, sondern nur durch das Entdecken der ihr eigenen Bauvorstellung. Diese ist allerdings so bedeutsam, daß sie hier wenigstens noch kurz entwickelt werden soll.

Anders als die späteren Pyramidenanlagen erhebt sich die Djoserpyramide inmitten eines von einer 10 m hohen, reichgegliederten Mauer umgebenen, rechteckigen Bezirkes (277 × 544 m). Nur ein einziges schmales Tor führt in diesen heiligen Bereich. Im Innern dieses Bezirkes befindet sich eine Fülle von Bauten ganz verschiedener Struktur, die aber zum größten Teil reine Scheinarchitektur sind, d.h. nur von außen wie tatsächliche Bauwerke aussehen, aber keine wirklich betretbaren Räume enthalten. Nur wenige Kammern konnten als solche benutzt werden.

Schon bald nach der Ausgrabung ist entdeckt worden,[127] daß die gesamte Anlage eigentlich nichts anderes darstellen soll als eine in Stein umgesetzte königliche Residenz. Alle Einrichtungen, die für die Begründung und die Verwaltung des ägyptischen Staates kennzeichnend und notwendig waren, finden sich wieder in der »ewigen Residenz« der Djoser-Anlage. Dabei sind alle Einzelformen der ursprünglichen Bauten, die aus Holz, luftgetrockneten Lehmziegeln, geflochtenen Matten und anderen vergänglichen Materialien hergestellt waren, sorgfältig in Stein nachgebildet worden. Die Mauer, die den ganzen Bezirk umgibt und die 14 geschlossene Scheintüren aufweist, entsprach der Stadtmauer von Memphis mit deren Toren. Ein sogenannter Festhof, der mit verschiedenartigen Kapellen umgeben ist, ist eine Kopie derjenigen Anlage, die bei der Thronbesteigung des Königs aufgebaut worden war. Zwei große herausragende Gebäude sind durch ihren Schmuck, die Wappenpflanzen von Ober- und Unterägypten, als Hallen, die zur Verwaltung der beiden Landesteile dienten, erkannt worden. Direkt an die Pyramide schließt eine Nachbildung des Königspalastes an, und im Westen und Norden sind riesige Speicher-

127 H. Ricke, Bemerkungen zur ägyptischen Baukunst des Alten Reiches I, Zürich 1944.

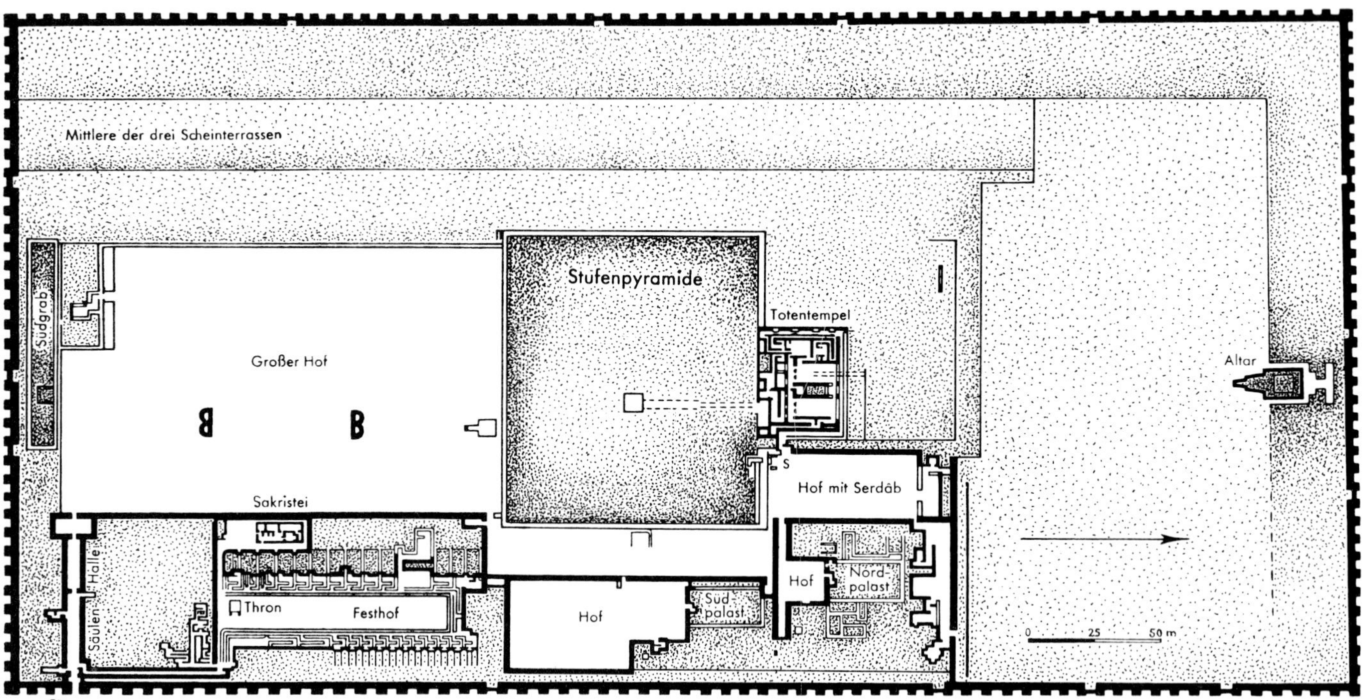

Mittlere der drei Scheinterrassen
Stufenpyramide
Totentempel
Südgrab
Großer Hof
B
B
Altar
S
Hof mit Serdāb
Sakristei
Säulen-Halle
Thron
Festhof
Hof
Süd-palast
Hof
Nord-palast
0 25 50 m
Eingang

anlagen in Stein errichtet worden. Im Süden der Pyramide liegt ein großer Hof, mit zwei Wendemarken und einem Altar, der im Süden von einem Gebäude abgeschlossen wird, unter dem sich, in der gleichen Art wie unter der Pyramide, ein unterirdisches Kammersystem befindet. Dieser ganze Teil der Anlage wird als zusammengehörig betrachtet und als *Ka-Grab* und Hof für das Hebsedfest, das im Zusammenhang mit einer periodischen Erneuerung der Lebenskräfte (des Ka) des Herrschers stand, gedeutet (Abb. 28, Fig. 28, Abb. 29, 30).

Die Pyramide selbst, die sich ungefähr in der Mitte der Anlage erhebt, hat einen rechteckigen Grundriß wie eine Mastaba (eine einfache Grabform ⏢), aus deren Grundform sie entwickelt worden ist. Ihre endgültige Gestalt hat sie dadurch erhalten (und diese Planänderungen während des Baues sind eindeutig nachweisbar), daß mehrere solcher Mastabas aufeinandergestellt worden sind. Dabei ist aber zu beachten, daß nicht einfach eine Stufe auf die andere folgt, sondern jeweils eine dünne Zwischenschicht eingeschoben wurde. Da bei der Gesamtanlage sonst alles bis in Feinheiten durchdacht worden ist, so muß auch diese Besonderheit ihren Sinn haben. Normalerweise wird die Form der »Stufenpyramide« als große Treppe zum Himmel verstanden, auf der der Ba des verstorbenen Herrschers auf- und absteigen kann. (Dazu kann man sich sogar auf Pyramidentexte stützen). Dieser Idee widersprechen aber zwei Beobachtungen: 1. die abgeschrägten Stufen, die es bei einer gewöhnlichen ägyptischen Treppe nicht gibt, und 2. die Zwischenschicht (Fig. 29), die bei einer wirklichen Treppe reiner Unsinn wäre.

Die geschilderte Raumanordnung der Gesamtanlage des Djoserbezirks hat bisher zu verschiedenen Deutungen Anlaß gegeben. Aber alle können von der gesicherten Tatsache ausgehen, daß die Einzelbauten Gebäude der Residenz darstellen sollen. So hat man an eine Weiterregierung des verstorbenen Herrschers im Jenseits gedacht, zu der er eine solche Residenz benötigen würde, oder man hat hervorgehoben, daß die Bedürfnisse des Begräbnisrituals, »das die Beisetzung des verstorbenen Königs zu einer Wiederholung seines Lebensablaufes«, seiner Krönung, seiner Regierung, seiner Vorsorge, seines Wohnens im Palast, seiner Jubiläumsfeste etc. »gestaltete und damit diese Lebenslei-

Abb. 28 Rekonstruktion des ursprünglichen Anblicks der Pyramidenanlage des Djoser vom Fruchtland aus (nach Lauer).

Fig. 28 Grundriß der Pyramidenanlage des Djoser. Alle grau gepunkteten Flächen entsprechen massiven Scheinbauten.

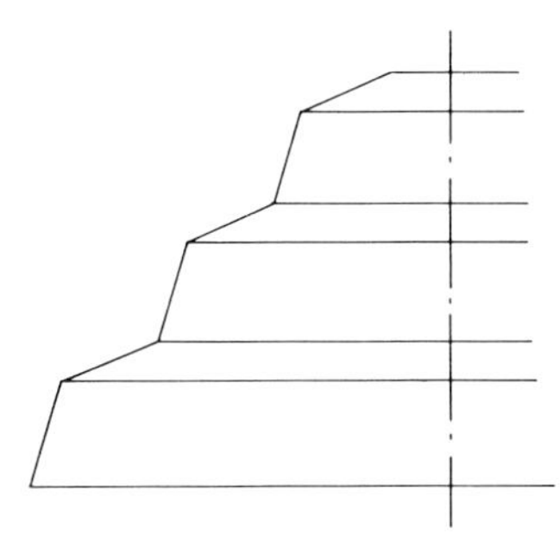

Fig. 29 Abgeschrägte Stufen und schräge Zwischenschicht der Stufenpyramide.

Abb. 29 Die Stufenpyramide des Königs Djoser in Sakkara von Süden. Im Vordergrund links das sogenannte Südgrab. Man erkennt deutlich die Form der ursprünglichen Mastaba in der rechten Hälfte der untersten Stufe der Pyramide, die den Ausgangspunkt der Stufenpyramide bildete. 3. Dynastie, um 2650 v. Chr.

stung ›verklärte‹«, ein solches Bild der Residenz fordern. Auf diese Weise war es möglich, daß man »die wichtigsten Vorgänge des verflossenen Lebens des Königs, den man zu Grabe geleitet, einzeln in symbolhaften Wiederholungen neu vor sich erstehen lassen konnte, um sich die Bedeutung seines Lebens und seiner Herrschergestalt zu vergegenwärtigen«.[128]

Die Deutung der Gesamtanlage kann aber nicht vollständig gelingen, wenn man nicht berücksichtigt, daß die Errichtung dieses Pyramidenbezirkes mit dem Namen eines der größten Weisen Ägyptens verbunden ist: mit Imhotep. Er ist es, »der den Steinbau eröffnete«, der oberster Bauleiter war, die höchste Beamtenstelle im Lande und unter der

128 J. Spiegel, Das Werden der altägyptischen Hochkultur, Heidelberg 1953, S. 39.

Abb. 30 Die Stufenpyramide des Königs Djoser vom Festhof aus gesehen. Links die restaurierten Scheinkapellen Oberägyptens.

Priesterschaft innehatte und der als der erste genannt wird, der durch eine Weisheitslehre die Grundlagen der menschlichen Lebensordnung festgelegt hat. Durch ihn ist das ägyptische Staatswesen endgültig durchorganisiert, dauerhaft konsolidiert und auf den Weg gebracht worden, der für die nächsten 2000 Jahre die Richtung der Kultur bestimmte.

Will man das Wesen der ägyptischen Weltauffassung, so wie es sich seit Imhotep herausgebildet hat, charakterisieren, so müßte man sich, wenn man ägyptisch dächte, dem Wesen der »Maat« nähern. Wie schon kurz erwähnt (S. 63), befindet sie sich in der Sphäre des Sonnengottes und leitet den Weg des Sonnenschiffes durch Tag und Nacht.[129]

129 W. Westendorf, Ursprung und Wesen der Maat, Festschrift Will, Köln 1966, S. 201 ff.

Abb. 31 Der Gott Osiris in einem Pavillon. Seine Mumiengestalt steht auf einem Sockel, der die Form der Hieroglyphe für Maat zeigt. Rechts und links von Osiris zwei Udjat-Augen und jeweils ein Imiut, (ein Tierbalg, der die zerstückelten Teile des Osiris umhüllt). Grab des Sennedjem in Deir el Medine (Theben-West, Nr. 1), 19. Dynastie, 1. Hälfte 13. Jh. v. Chr.

Sie ist die Personifikation der wahren Weltordnung, in der alles nach ewigen Gesetzen abläuft. Dadurch erhält sie das Leben des ganzen Kosmos. Da der Pharao durch seinen Einblick in die Sphäre des Sonnengottes die Maat kennt, besteht seine Aufgabe darin, auch seinem Land diese Ordnung einzuprägen. Deswegen ist er bestrebt, die »Maat zu verwirklichen« und die »Sünde zu vertreiben«. D. h. er hat das Leben des Landes so zu gestalten, daß sich die Maat in den gerechten Gesetzen, in der Wohlgeordnetheit der Verwaltung und in dem wirtschaftlichen Gedeihen Ägyptens verkörpern kann. Wenn das gelingt, dann erlebt der Ägypter, daß die Maat zur Erde herabgestiegen und sein Land als ein Abbild der himmlischen Weltordnung wieder in den Zusammenhang des ganzen Kosmos eingefügt ist.

Das Gestaltenkönnen des irdischen Bereiches nach den Gesetzen des Kosmos wurde vom Pharao als ein Geschenk erlebt, das er dem Sonnengott zu danken habe. Dies findet im Kult seinen Ausdruck, indem der König dem Gotte eine Figur der Maat darbringt, sie zu ihm »aufsteigen« läßt. Damit wird der Kreislauf geschlossen: Die Maat geht aus von Re, kommt hernieder auf die Erde und wird durch die Kulthandlung wieder dem Sonnengott zurückgegeben. Himmlische und irdische Sphäre sind so durch das Wirken der Maat in beiden Welten miteinander verbunden.

»O Re, der die Maat geboren hat,
ihm wird die Maat dargebracht.
Gib du Maat in mein Herz,
damit ich sie emporführe zu deinem Ka.
Ich weiß ja, daß du von ihr lebst.
Du bist es, der ihren Leib geschaffen hat.«[130]

Blicken wir nun wieder auf die Pyramidenanlage des Djoser, so ergibt sich aus den vorhergehenden Betrachtungen eine ganz neue Deutung. Da ja erst unter Djoser das Land endgültig geeint und befriedet wurde und seine dauerhafte Durchgestaltung erfuhr, war es gegeben, den oben geschilderten Gedanken in den Bereich der Dauer zu erheben. Das von allen erlebte Wirken der Maat in der Organisation des Staates wurde von Imhotep als Realsymbol in den Scheinbauten der Pyrami-

130 J. Assmann, Liturgische Lieder an den Sonnengott, Berlin 1969, S. 157.

denanlage und nicht in Form einer Statue der Gottheit zurückgegeben. Das Herabsteigen der Maat auf die Erde kam zum Ausdruck in den Bildern der Einrichtungen, die zum Leben des Staates notwendig waren; das Aufsteigen der Maat kam in der Form der Pyramide selbst zum Ausdruck. Denn die Hieroglyphe für Maat ist das Bild eines vorn abgeschrägten Sockels  oder , auf dem z. B. der Thron stehen kann (Abb. 31). Der Anblick der Pyramide, des Gebäudes, in dem sich der Pharao im nachtodlichen Bereich mit dem Sonnengott vereinigt, zeigt also Zeichen der Maat! Damit erklären sich auch die Zwischenschichten (Fig. 30). Denn es soll ja nicht an eine formale Treppe gedacht werden, sondern an das Auf- oder Absteigen der Maat.[131] Die sechs Stufen

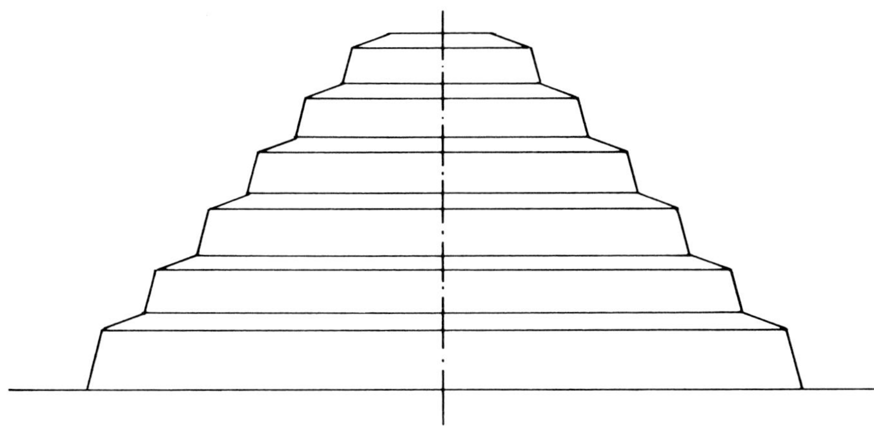

Fig. 30 Rekonstruktion der Ansicht der Djoserpyramide (nach Lauer).

entsprechen dabei zwölf Maat-Zeichen, sechs aufsteigenden und sechs absteigenden. Auch darin ist wieder ein Abbild vom Lauf der Sonne zu sehen, deren sichtbarer Tagesbogen aus sechs Stunden besteht, in denen die Sonne aufsteigt, und aus sechs Stunden, in denen sie wieder absteigt.

Nun steckt aber noch eine weitere Idee in der Pyramide. Hellmut Brunner hat vorgeschlagen,[132] in der Maat-Hieroglyphe eine stilisierte Form des Urhügels zu sehen. Der Urhügel ist der Ort, an dem sich der Sonnengott mit der Erde vereinigt und von dem aus er seine Schöpfung beginnt. Aber im Urhügel befindet sich auch das Grab des Osiris. Damit wird er zu einem Symbol von Tod und Auferstehung des Son-

131 Vgl. dazu ähnliche Baugedanken bei W. Westendorf, Die Führerin des Sonnenlichtes in der Architektur. ZÄS 97/1971, S. 143 f.

132 Vetus Testamentum 8/1958, S. 426 ff.

nengottes und also auch zum Symbol von Tod und Auferstehung des Königs. Aber von dieser Fähigkeit des Königs, den Tod überwinden und die Offenbarungen der göttlichen Welten empfangen zu können, hängt ab das Auf- und Absteigen der Maat,[133] das Wirken der Götter auf Erden. Diese Idee am Anfang der ägyptischen Geschichte in ihrer Reinheit zum Ausdruck gebracht zu haben, ist eines Weisen würdig!
Auch späteren Pyramiden liegt diese Idee noch zugrunde, aber ohne daß sie nach außen erscheint. Denn diese werden meist so errichtet, daß ihr Inneres zunächst in Stufenform gemauert, aber erst danach durch einen äußeren Steinmantel verhüllt und in die reine Dreiecksgestalt gebracht wird. Von außen erscheint dann das Dreieck, aber innen stehen die realen Maat-Symbole (Abb. 32).

Abb. 32 Die Pyramiden des Ni-user-Re (links) und des Neferirkare (rechts) in Abusir. Nach der Verwitterung des Mantels ist die innere Stufenform der Pyramide, die ehemals innen verborgen war, jetzt deutlich zu sehen. 5. Dynastie, um 2400 v. Chr.

133 Der Ägypter spricht gern von den beiden Maat-Göttinnen, die der Tages- und Nachtfahrt des Sonnengottes entsprechen.

## Bemerkungen zum Bau der Pyramiden

Aus den bisherigen Ausführungen ist ersichtlich, daß die Ägypter ihre wichtigste Aufgabe darin sehen mußten, Pyramiden zu errichten. An ihnen hing das Gedeihen des Landes, dort begegnete ihr König den Göttern, erfuhr er deren Pläne, nach denen er das Land leitete und so den Segen der göttlichen Welt auf die Erde brachte. Ein Bauwerk, durch das solches geschehen konnte, mit errichten zu dürfen, gehörte bestimmt zu den großen Ereignissen im Leben eines jeden Ägypters. Solch gigantische Großleistungen der Bautechnik sind auch nur dadurch vorstellbar, daß alle Bauarbeiter darin ebenso *ihre* Aufgabe sehen und alles tun, um diesem Werk zu dienen. Die heute beliebten Darstellungen, die dem Leser den Pyramidenbau nur als Arbeit großer Sklavenhorden suggerieren wollen, beruhen immer auf dem Fehlschluß, daß diese Anlagen eigentlich sinnlose Bauten seien, die allein dem Machtstreben oder der Ruhmsucht der Pharaonen dienen sollten. Ein solches Streben wäre einem ägyptischen Pharao des »Alten Reiches« gänzlich fremd gewesen, und nur die Projektion der Vorstellungen des eigenen Zeitalters in diese urferne Vergangenheit bringt solche Mißverständnisse zustande.

Um sich eine genauere Vorstellung vom Bau der Pyramiden machen zu können, seien hier noch einige Überlegungen angeschlossen. Da ist vor allem das Problem der zu bewältigenden Steinmassen. Die großen Pyramiden von Gizeh bestehen jede aus ca. 2600000 Blöcken von durchschnittlich 2500 kg Gewicht. Da diese Steine an der Baustelle noch bearbeitet worden sind, müssen ca. 7000000 t Steine aus den Steinbrüchen herausgebrochen und an die Baustelle transportiert worden sein. Das entspräche heute 700000 Lastwagen mit je 10 t Steinen. Das sind aber nur die durchschnittlichen Steingrößen. Einzelne Blöcke, die in die Tempelbauten der Chefren- und Mykerinospyramidenanlagen eingebaut sind, haben Gewichte von 150, 200 und sogar 500 t (Totentempel der Chefrenpyramide). Als Decksteine der »Königskammer« in der Cheopspyramide sind 50 Blöcke von je ca. 50 t Gewicht verbaut! Wie hat man sich den Transport solch gewaltiger Lasten zu denken?

In allen Zeiten der ägyptischen Geschichte ist als Land-Transportmittel nur der Schlitten verwendet worden, der von Menschen gezogen wurde. Selbst große und größte Werkstücke (wie z. B. Obelisken) wurden auf Holzschlitten gelegt und dann auf Nilschlammziegelstraßen gezogen. Der Nilschlamm hat nämlich die Eigenschaft, daß er auch ungebrannt, also nur luftgetrocknet, ziemlich hart wird. Kommt er jedoch mit Wasser in Berührung, so löst er sich sofort wieder auf. Dies hat sich der Ägypter zunutze gemacht, indem er unmittelbar vor den zu ziehenden Schlitten Wasser ausgoß, das dann die Oberfläche der Nilschlammziegel hauchdünn auflöste und damit eine Gleitschicht erzeugte, auf der der Schlitten wie auf Glatteis gezogen werden konnte (Fig. 31a).

Die Pyramiden sind nun höchstwahrscheinlich so errichtet worden,[134] daß (mindestens) eine Rampe aus Nilschlammziegeln auf die jeweilige Höhe der Pyramide gebracht wurde, über die der Transport der Blöcke erfolgte (Fig. 31). Diese Rampe mußte selbst bei jeder Schicht, um die die Pyramide höher wurde, mit erhöht und nach Vollendung des Bau-

134 Ich folge hier J. Ph. Lauer, der diese Probleme in vielen Artikeln diskutiert hat; zuletzt in: Le mystère des Pyramides, Paris 1974, S. 259 f.

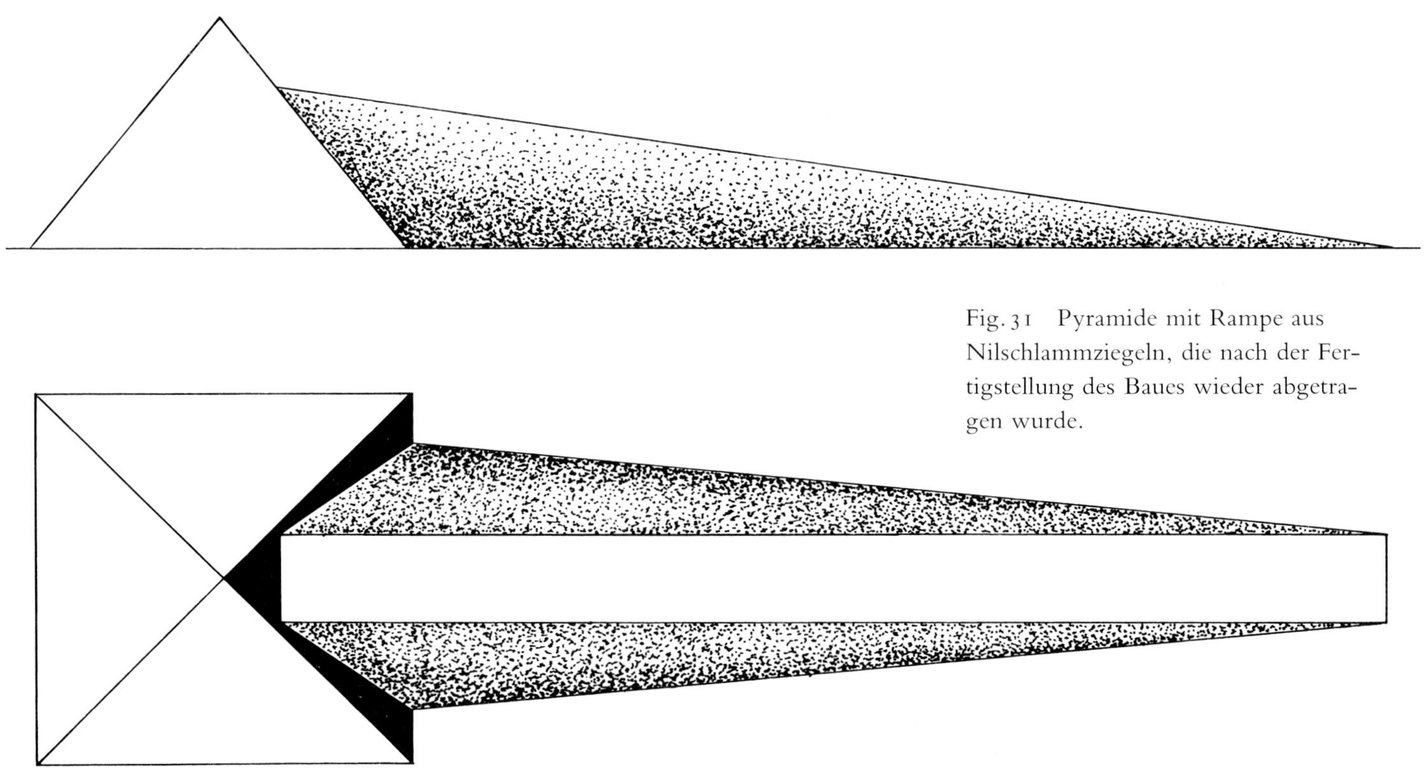

Fig. 31 Pyramide mit Rampe aus Nilschlammziegeln, die nach der Fertigstellung des Baues wieder abgetragen wurde.

werks wieder vollständig abgebrochen und weggeschafft werden. Rechnet man sich den Rauminhalt der fertigen Rampe aus, so schwankt dieser, je nach angenommenem Neigungswinkel, zwischen 20% (20°) und 40% (15°) des Rauminhaltes der Pyramide. Rechnet man dazu, daß diese Rampe auch wieder abgebrochen werden mußte, so waren also mindestens 12000000 t Steine und Nilschlammziegel zu bewegen gewesen!

Nimmt man nun an, daß die Bauzeit der Pyramide ca. 20 Jahre betrug und in jedem Jahr mindestens 100 Tage (während der Überschwemmungszeit) voll gearbeitet wurde (13 Stunden pro Tag), so ergibt sich die unglaubliche Summe von 1300 fest verbauten Blöcken pro Tag. Das heißt, in jeder Minute mußten 2 Blöcke an ihre endgültige Stelle gebracht werden. Berücksichtigt man Störungen durch die notwendig werdende Erhöhung der Rampe, ungleichmäßigen Fluß der Steine (z.B. beim Bau der inneren Kammern) etc., so müssen im Durchschnitt ca. 3 Blöcke pro Minute bei kontinuierlicher Arbeit versetzt worden sein. Da an jedem Block beim Transport mindestens 10 Leute zu tun hatten, zogen also pro Minute 30, pro Stunde 1800 Arbeiter an einem bestimmten Punkt auf der Rampe vorbei. Alle diese Bewegungen mußten organisiert und geordnet ablaufen, um die kontinuierliche Weiterarbeit zu sichern. Dazuhin mußten alle diese am Bau beteiligten Menschen ernährt, versorgt und untergebracht werden. Schlitten und Seile mußten repariert und hergestellt, das Wasser mußte auf die Rampe gebracht werden usw. Ein Organisationsproblem ersten Ranges! Stellt man sich diese Aufgabe konkret vor Augen, so kann eine solche Organisation nur dann funktionieren, wenn alle Bewegungen am Bauplatz vollständig geordnet ablaufen. Eine Hilfe, um diese Ordnung herzustellen, war sicherlich die Musik. Von Gesängen ist bei solchen Transporten immer wieder die Rede. So sangen z.B. »die Männer mit starkem Arm« beim Transport der Statue des Thothotep folgendes Lied:

»Ich komme, um sie (die Steine) zu bringen,
mein Herz ist froh, die ganze Stadt freut sich,
sehr schön ist es, dies zu sehen, mehr als alle Dinge.

Der Alte dort, er lehnt sich auf das Kind,
der Starke ist zusammen mit dem Zitterer.
Ihre Herzen erhoben sich, ihre Arme wurden stark,
ein jeder von ihnen erreichte die Kraft von 1000 Mann.«[135]

135 P. E. Newberry, El Bersheh I, London 1892, pl. XV.

Der Bauplatz einer Pyramidenanlage muß ehemals einen ganz ungeheuer großen Eindruck gemacht haben. In genau festgelegter Ordnung liefen die Arbeiten ab und bewegten sich die Bautrupps, nach den Rhythmen, die in ihrer Umgebung erklangen. Wenn man sich diese tönende Ordnung vorzustellen versucht, so wird deutlich, daß die Teilnahme an einem solchen Werk tiefe Erlebnisse bei der Bevölkerung Ägyptens hinterlassen haben muß. Denn eine solche tönende Ordnung wurde als Abbild einer himmlischen Welt erfahren, die auch erklingend und durch und durch geordnet gedacht wurde. Sich als ein Glied einer solchen Ordnung erfahren zu dürfen, war Gottesdienst.
Ein weiterer Aspekt des Pyramidenbaus liegt in der Frage verborgen, was denn eigentlich eine solche gewaltige Leistung bei den Arbeitern bewirkte. Der Lösung dieser Frage können wir uns nähern, indem wir an die Beobachtung anknüpfen, die wir machen können, wenn uns

Fig. 31 a Beispiel für den Transport einer ca. 60 t schweren Kolossalstatue, die von 172 Arbeitern gezogen wird. Vor der Statue ein Mann mit einem beckenartigen Musikinstrument. Aus dem Grab des Thothotep, El-Bersche, 12. Dynastie, um 1900 v. Chr. (nach P. Newberry).

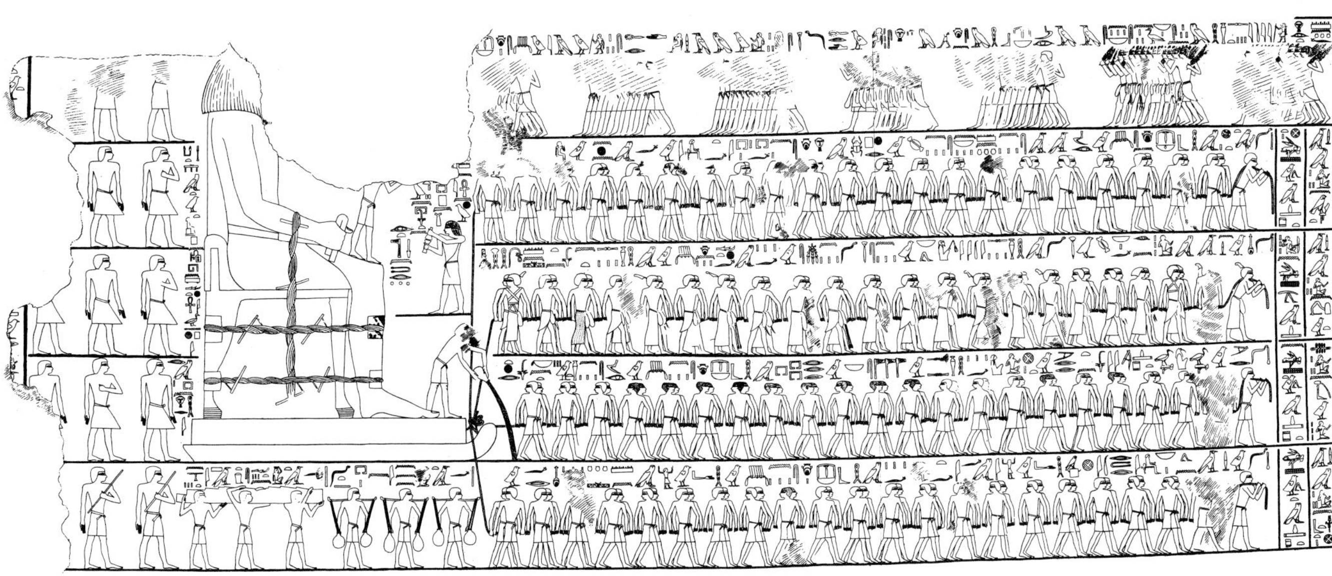

eine Arbeit gelungen ist. Bald danach tritt nämlich eine Art Selbstbewußtsein und ein Gefühl von Stolz auf, das sogar so weit gehen kann, daß man sich mit dem Werk identifiziert – als wär's ein Stück von einem selbst. Die seit dem Mittelalter beginnende Signierung der Werke (handwerklicher oder künstlerischer Art) ist ein deutliches Zeichen dieser Identifizierung. Wird ein Werk von einer Gruppe von Personen hergestellt, so ist das Ergebnis ein Gruppenbewußtsein, das die Mitglieder der Gruppe intensiver miteinander verbindet. Wird schließlich die Aufgabe durch das gesamte Volk bewältigt – und in Ägypten wurde praktisch die gesamte männliche Bevölkerung zum Pyramidenbau herangezogen –, so ist das Ergebnis ein Bewußtsein davon, daß man als Volk zusammengehört. Damit wird auch ein Licht auf die Tatsache geworfen, daß viele Völker, die den Schritt von der Vorgeschichte zur Geschichte vollziehen, riesige Bauleistungen aufweisen (z. B. Gilgameschs Mauer um Uruk; die Kyklopenmauern der mykenischen Griechen etc.). Denn ein Volksbewußtsein entsteht immer an einer gemeinsam bewältigten Aufgabe. In Ägypten waren es die Pyramiden, deren Errichtung auch bewirkte, daß sich ein Volksbewußtsein bilden konnte. Man darf nicht vergessen, daß es bis zum 3. Jahrtausend nur kleine Gruppen von Menschen gab, die sich als zusammengehörig empfanden, und die ältesten Reiche erst durch die oben geschilderten gemeinsamen Arbeiten entstanden.

# DIE TEMPELBAUTEN

## Der ägyptische Tempel des Neuen Reiches

Tausend Jahre waren vergangen, seit die großen Pyramiden errichtet wurden. Das Alte Reich war untergegangen, und unruhige Zeiten waren über Ägypten hereingebrochen. Das Land hatte sich in kleine Fürstentümer aufgelöst und drohte ins Chaos zurückzusinken. Doch starke Herrscher ordneten das ganze Reich erneut und führten eine zweite Blütezeit der ägyptischen Kultur herauf. Aber wiederum begann ein innerer Zerfall, der alsbald durch fremde Völker (die Hyksos), die das Land eroberten und ein Jahrhundert lang beherrschten, ausgenützt wurde. Noch ein zweites Mal gelang es einem Geschlecht aus Theben, die fremden Könige zu vertreiben, Ägypten erneut zu einen und einer neuen kulturellen Hochblüte zuzuführen. Wie schon kurz beschrieben, unterschieden sich diese Blütezeiten auch in ihren Bauimpulsen. So wurden seit dem Neuen Reich keine Pyramiden mehr errichtet. An ihre Stelle traten jetzt andere Bauten, die Tempel und Gräber der Könige.

Um die Tempel zu verstehen, ist wieder daran zu erinnern, daß der ägyptische König nicht nur oberster Repräsentant und Führer des ägyptischen Volkes war, sondern auch Sohn Gottes, Horus, der die Pläne seines Vaters, des Sonnengottes, erfuhr und dadurch dessen Stellvertreter auf Erden sein konnte. Nur aus der Göttlichkeit des Herrschers erhielt das Königtum seine Berechtigung und seinen Auftrag. Aus ihr leitete der Pharao seine Befähigung her, das Staatswesen zu organisieren und dessen Ordnung aufrechtzuerhalten. Das Leben des Landes hing damit ausschließlich an der Begegnung von König und Gott, von Sohn und Vater. Diese wurde, und das wußten alle Ägypter, vom Pharao im Kult vollzogen. »Staat« und »Kirche« waren noch nicht getrennt. Gerade bei den Tempelbauten zeigte sich ihre Einheit besonders deutlich. Denn der Tempel war nicht nur die Stätte, an der ein Gott verehrt, sondern auch die Stätte, von der aus das Land verwaltet wurde. Zu einer Tempelanlage gehört also außer dem eigentlichen Tempel immer eine Anzahl von Gebäuden, die der Verwaltung desjenigen Teils des Landes dienen, das diesem Tempel untersteht. Dazu gehören Schreib-, Archiv- und Schulräume, Werkstätten, Magazine, oft auch ein kleiner Palast des Königs, in dem er wohnen kann, wenn er den Tempel besucht.

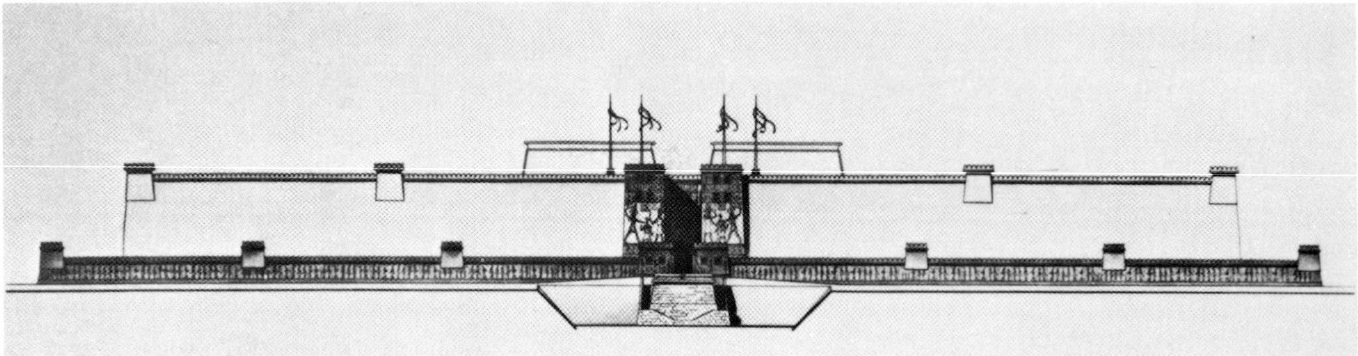

Fig. 32 Ursprüngliche Ansicht des Totentempels Ramses III. in Medinet Habu (von Osten), die den festungsartigen Charakter einer solchen Tempelanlage zeigt (nach U. Hölscher).

Diese ganze Tempelanlage ist von einer hohen Mauer umgeben, die den eigentlichen Tempel, in dem der Kult vollzogen wird, und die zu ihm gehörenden profanen Bauten von der äußeren Welt abschließt, ihn aus der umgebenden Landschaft ausgrenzt. Dieser Abschluß ist fast vollkommen. Nur wenige Eingänge (oft sogar nur ein einziger) führen in den Tempelbezirk, der dadurch einen fast festungsartigen Charakter bekommt. Was hinter der hohen Mauer ist, bleibt dem Außenstehenden verborgen. Diese Mauer, sowie alle Bauten, die nicht zum eigentlichen Tempel gehören (z. B. die Magazine, Verwaltungsbauten und der Palast), sind aus dunklen, luftgetrockneten Nilschlammziegeln erbaut, was den abweisenden, festungsartigen Eindruck noch verstärkt (Fig. 32).

Der eigentliche Tempel (ḥwt-nṯr) steht inmitten dieser Verwaltungs- und Wirtschaftsanlagen (pr-nṯr). Aber im Gegensatz zu diesen wird der Tempel immer aus Stein gebaut (Fig. 33).

Es gibt kaum ein wahreres Sinnbild für die ägyptische Welterfahrung als diese Tempelanlage, in deren Zentrum der aus »ewigem« Material erbaute Tempel steht. In ihm findet der Gottesdienst, die Begegnung des Pharaos mit seinem Vater, statt, durch die dann der göttliche Segen auf das Land und seine Bewohner heruntergeleitet und ausgeströmt wird. In dem berühmten »Gespräch eines Mannes mit seinem Ba« wird davon gesprochen, daß der Mensch im nachtodlichen Bereich im Sonnenschiff mitfährt und mithelfen darf, daß der Segen des Sonnengottes dem Land über die Tempel vermittelt werden möge:

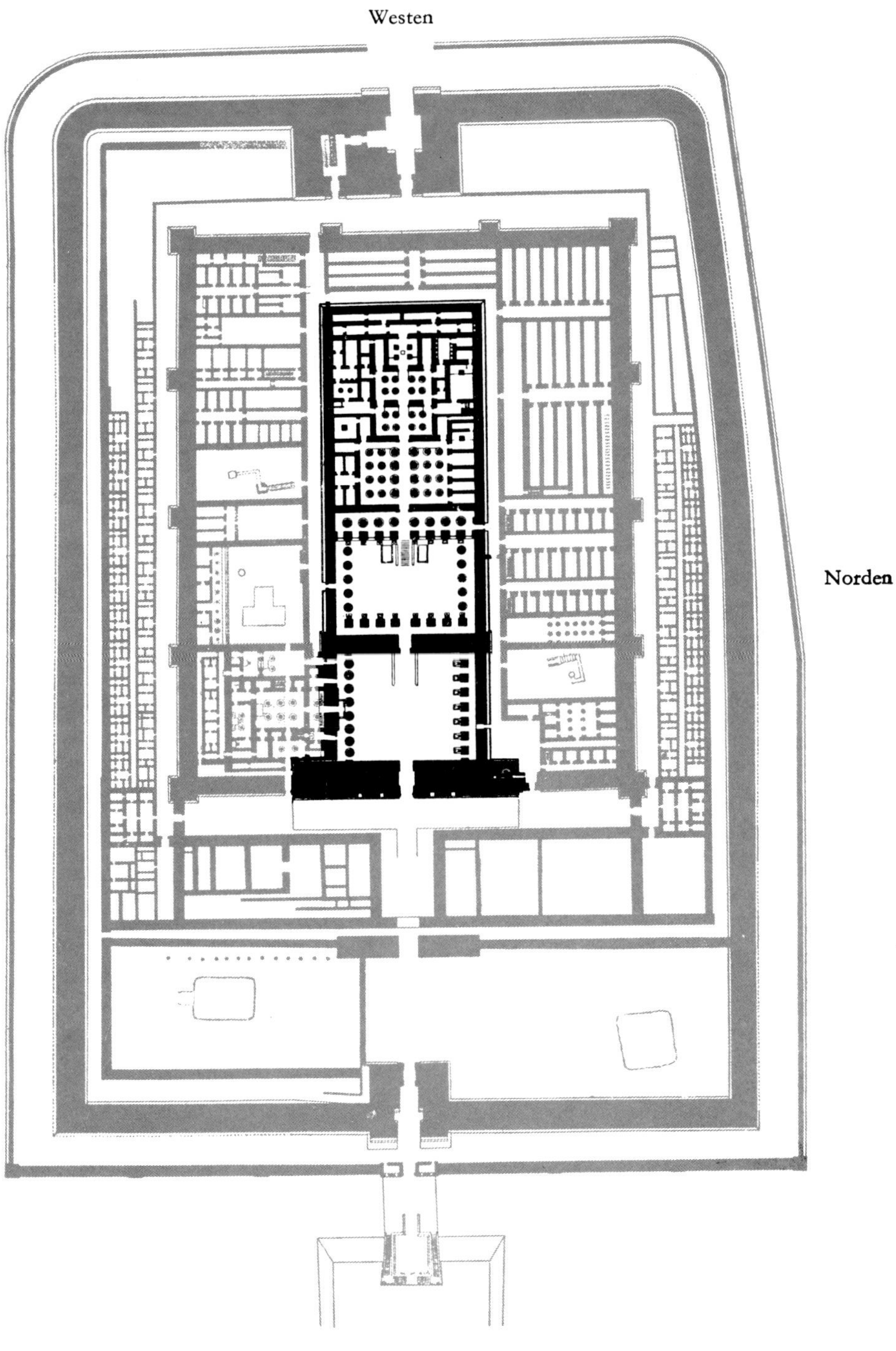


Fig. 33 Grundriß des Totentempels Ramses III. in Medinet Habu. Innerhalb des Tempelbezirkes mit seinen Verwaltungsbauten, Magazinen, Werkstätten, einem Palast usw. (grau) liegt der eigentliche Göttertempel aus Stein (schwarz). 20. Dynastie, um 1170 v. Chr.

»Wahrhaftig, derjenige, der dort ist (im Totenreich), wird ja stehen im Sonnenschiff, und wird veranlassen, daß Erlesenes daraus an die Tempel gegeben wird.«[1]

Damit erhält der ägyptische Tempel von vornherein eine ganz überragende Bedeutung. Denn er ist unbedingt notwendig zum Gedeihen des Landes, dessen Verwaltung und Ordnung von den Erfahrungen abhängen, die der Pharao hier empfängt. Im Tempel, in der Sphäre des Sonnengottes, lernt er die *Maat* kennen. Diese zu verwirklichen war seine Aufgabe als König.

So wird Ägypten von den Tempeln aus verwaltet und durchorganisiert. Bestimmte Gebiete des Landes mit allen dort lebenden Menschen und Tieren werden bestimmten Tempeln unterstellt. So gibt es z.B. in Theben Tempel, die eroberte Gebiete in Syrien zu verwalten haben. Zu einem Tempel gehören also nicht nur die umliegenden Gebäude, sondern eine reiche »Ausstattung« mit Land, Vieh und den zugehörigen Menschen.

Außerdem gehört zu jeder Tempelanlage ein Garten mit Bäumen und Blumen und ein Teich. Diese liegen immer innerhalb der äußeren Mauer. Da die Tempel oft auf der Westseite des Niltals am Wüstenrand liegen, ist diese Gartenanlage oft schwer zu realisieren. Fruchtbare Erde muß herbeigeschafft, bepflanzt und bewässert werden. Reste dieser Pflanzungen (meist Wurzeln) sind vielerorts gefunden worden,[2] inschriftlich oder bildlich sind sie fast von jedem Tempel überliefert.[3]

Am schwierigsten zu verwirklichen war der sogenannte heilige See, der manchmal, wenn der Tempel am Rand des Wüstenplateaus lag, durch Brunnen ersetzt werden konnte.[4] Er diente zur Ausfahrt des Gottes bei Prozessionen, zur Reinigung der Priester u.a.; er war aber vor allem ein unentbehrlicher Bestandteil der Tempelanlage, insofern sie ein Bild der Welt darstellte (Fig. 34).[5]

Auf einer Stele aus dem sogenannten Totentempel Amenophis III. in Theben wird die vollständige Tempelanlage folgendermaßen geschildert:[6]

»Es war aber das Herz seiner Majestät zufrieden beim Errichten von sehr großen Denkmälern, ohne daß dergleichen geschehen war seit der Urzeit der beiden Länder. Er machte es als ein Denkmal für seinen Va-

1 Pap. Berlin 3024, Z. 143–145.

2 So in Deir el Bahari, Karnak, Dendera.

3 Vgl. z.B. Urk. IV, 171–72 ... »Meine Majestät (Thutmosis III.) machte ihm (dem Tempel) auch einen Garten mit einem Teich von neuem, um ihm alles Gemüse zu liefern und alle schönen Pflanzen ...«

4 Z.B. beim Tempel Sethos I. in Abydos.

5 Vgl. S. 180.

6 Urk. IV, 1648 f. nḥḥ ist der Aspekt der Welt, der nach außen ständige Verwandlungen zeigt und ein Werden hat. ḏt entspricht der unwandelbaren Dauer, dem Sein. Vgl. J. Assmann, Zeit und Ewigkeit im alten Ägypten, Heidelberg 1975.

ter Amun, ... indem er ihm einen würdigen Tempel auf der Westseite von Theben errichtete, eine Festung der nḥḥ bis zur ḏt, aus Sandstein, gänzlich verkleidet mit Gold, sein Fußboden rein gemacht aus Silber, seine Tore alle aus Weiß-Gold, weit und sehr hoch ... reich ausgestattet mit Statuen des Herrn aus Elephantinegranit, Sandstein und allerlei Edelsteinen, ... aufgerichtet waren Fahnenmasten, beschlagen mit Weiß-Gold; er (der Tempel) glich dem Horizont des Himmels, in dem Re aufgeht. Sein See war voll der Überschwemmung, voller Fische und Vögel, rein an Blumen; sein Arbeitshaus war voller Diener und Dienerinnen von den Kindern der Fürsten aller Fremdländer, der Beute seiner Majestät. Seine Magazine hatten die Güter, deren Zahl man nicht kannte, verstaut; er war umgeben mit Städten Syriens, gegründet mit den Fürstenkindern. Seine Herden waren wie der Sand am Strand, indem sie Millionen ausmachten.«

Zu den meisten Tempeln führt ein eigener Weg oder ein Kanal, der schon weit vor dem eigentlichen Tempeleingang gestaltet und dadurch aus der profanen Welt herausgehoben wird. So kann eine heilige Straße verschiedene Tempel verbinden, oder der Weg kann beidseitig von Sphingen gesäumt sein, die auf den bei der Prozession Dahinschreitenden gerichtet sind. Immer aber führt der Weg geradlinig zum Ziel, durch die äußere Mauer hindurch, zur Front des Tempels, zum eigentlichen Tempeltor.

Der innere Tempel zeigt nun wiederum das gleiche Motiv wie die

Fig. 34 Darstellung des Amuntempels von Theben im Grab des Neferhotep. Der Tempel wird wie im Querschnitt gezeigt, mit Pylonen und Flaggenmasten, mit Obelisk, mit Garten und Bäumen. Nachamarnazeit, 18. Dynastie, um 1335 v. Chr. (nach Davies).

Fig. 35 Rekonstruktion der Ansicht des Totentempels Ramses III. von Medinet Habu (nach U. Hölscher).

ganze Tempelanlage, denn auch er ist von einer hohen, jetzt steinernen Mauer umgeben, die das Innere nach außen abschließt. Nur ein einziges, hohes und schmales Tor ermöglicht den Zugang nach innen, aber dieses Tor ist normalerweise verschlossen. Kein Unberufener kann unvorbereitet eindringen. – Die Priester fanden Zugang durch kleine bescheidene und von außen kaum wahrnehmbare Seitenpforten (Abb. 33).

Der Grundriß ist immer rechteckig. Die schmale Frontseite wird von dem sogenannten Pylon eingenommen, der das Eingangstor zwischen seinen beiden Tortürmen monumental einfaßt und dadurch ganz besonders betont. In der Massivität seiner Türme bringt er den festungsartigen Charakter des ganzen Tempels wieder zum Ausdruck (Fig. 35, Abb. 34). Seine dicken und hohen Mauern verschließen den Weg, der auf das Tor in seiner Mitte zuführt. Der Übergang von außen nach innen wird massiv versperrt. Diese Schwelle wird auch noch dadurch bedeutsam gemacht, daß rechts und links vom Eingang zwei riesige Sitzfiguren des Königs wie Wächter das Tor behüten (Abb. 35). Gegenüber dem breit lagernden Tempel werden durch die Errichtung von Obelisken vor den Sitzfiguren (bei den Göttertempeln) und von Flaggenmasten vor der Pylonwand, die »bis zum Himmel« reichen, vertikale Akzente gesetzt. Die Pyramidenspitzen der Obelisken und

Abb. 33 Blick auf die fast völlig geschlossene Außenmauer des Totentempels Ramses III. in Medinet Habu. Nur zwei kleine Durchlaßpforten gewähren den Priestern den Zutritt in die Innenräume.

Abb. 34 Blick von Osten auf den Pylon des Totentempels Ramses III. in Medinet Habu. Vgl. Fig. 35.

Abb. 35 Die Memnonskolosse in Theben-West. Die beiden Kolosse sind die einzigen sichtbaren Überreste des Totentempels Amenophis III., vor dessen Pylon sie einst standen. Aus je einem Stein von ca. 20 m Höhe gemeißelt, waren sie zu groß, um verschleppt zu werden. 18. Dynastie, um 1380 v. Chr.

die Spitze der Flaggenmasten, die noch über die Mauerkrone hinausragen und farbige Fahnen tragen, sind vergoldet.
Auf den Außenwänden der beiden Pylontürme sind immer Schlachten dargestellt: entweder das typische hieroglyphenartige Zeichen des »Erschlagens der Feinde«, wo der König von einem Gott eine Waffe bekommt, mit der er seine am Schopf gepackten Feinde erschlägt (Abb. 36), oder die Abbildung einer wirklich erlebten Schlacht, an der der Pharao teilgenommen hat, z. B. die Schlacht von Kadesch. Auch auf den sonstigen Außenmauern des Tempels können Berichte von Schlachten oder Jagdszenen mit wilden Tieren (z. B. Wildstier) abgebildet sein (Abb. 37, 38).

Abb. 36 Frontseite des Pylons des Totentempels Ramses III. in Medinet Habu. Der Pharao erschlägt mit der Keule ein Bündel flehender Feinde, die er am Schopf gepackt hat. Der Gott Amun reicht ihm dazu die Waffe (ein Sichelschwert). 20. Dynastie, um 1170 v. Chr.

Der Tempel ist das Haus, der Palast des Gottes, in dem er Wohnung nehmen kann. Sowohl der Name für Tempel, »Haus des Gottes« (ḥwt nṯr), als auch seine Konstruktion, die vom Grundriß des Palastes (Fig. 36) ausgeht, sowie seine Funktion weisen auf diese seine Aufgabe hin. Denn in ihm wird dem Gott von seinen Priestern, den Gottesdienern,[7] eine tägliche Pflege zuteil wie dem Pharao von seinen Dienern in seinem Palast. Und wie der König nur von wenigen auserwählten und geschulten Dienern umsorgt wird, so haben auch zum »Palast« des Gottes nur diejenigen Zutritt, die – durch stufenweise Einweihung geschult – den Kult ausüben können. Niemand sonst darf das Innere des Tempels betreten. Dort wird keine Botschaft verkündet und kein Sa-

7 Der Priester heißt »Gottesdiener« im Ägyptischen

Abb. 37 Rückseite des Pylons des Totentempels Ramses III. in Medinet Habu. Jagd des Pharaos auf Wildstiere. Von Pfeilen getroffen, brechen die Wildstiere im Schilfdickicht zusammen. Auf ihrer Flucht hatten sie wohl versucht, das rettende Gewässer (rechts unten im Bild, mit Fischen) zu erreichen. 20. Dynastie, um 1170 v. Chr.

Abb. 38 Der König (Sethos I.) beim Angriff auf die Festung Kadesch. Nördliche Außenwand der Hypostyloshalle des Reichstempels in Theben. 19. Dynastie, um 1300 v. Chr.

krament gespendet, das die Teilnahme des Volkes verlangen würde. Das Volk bleibt vor dem Tempel, wo es seine Gebete an dem geschlossenen, kostbar geschmückten Tor verrichtet.

Der ägyptische Tempel ist auf dem Prinzip des Weges aufgebaut.[8] Dieser Weg führt stufenweise von außen nach innen, von der Welt der Erscheinungen in die Welt der Wesen. Er ist die Symmetrieachse des Tempels, an ihm liegen die Räume, in denen der Kult ausgeübt wird. Ihn zu durchschreiten von außen nach innen ist Aufgabe des Königs, auf ihm herauszuziehen von innen nach außen die Vollmacht des Gottes (Fig. 37).

Seine feste Ausprägung hat der ägyptische Tempel am Anfang des Neuen Reiches gefunden. Unabänderlich ist eine Abfolge der Räume, die bis in die Ptolemäerzeit hinein erhalten bleibt. Obwohl kein Tempel dem anderen gleicht, Bauteile hervorgehoben, Räume verdoppelt werden können und es auch möglich ist, zusätzliche Räume einzuschieben, bleibt doch das Schema der Abfolge der Räume immer gewahrt. Auch zwischen dem *Göttertempel,* in dem der Kult für einen Gott verrichtet wird, und dem sogenannten *Totentempel,* den jeder

8 Vgl. den Aufbau der Pyramidenanlage, S. 22.

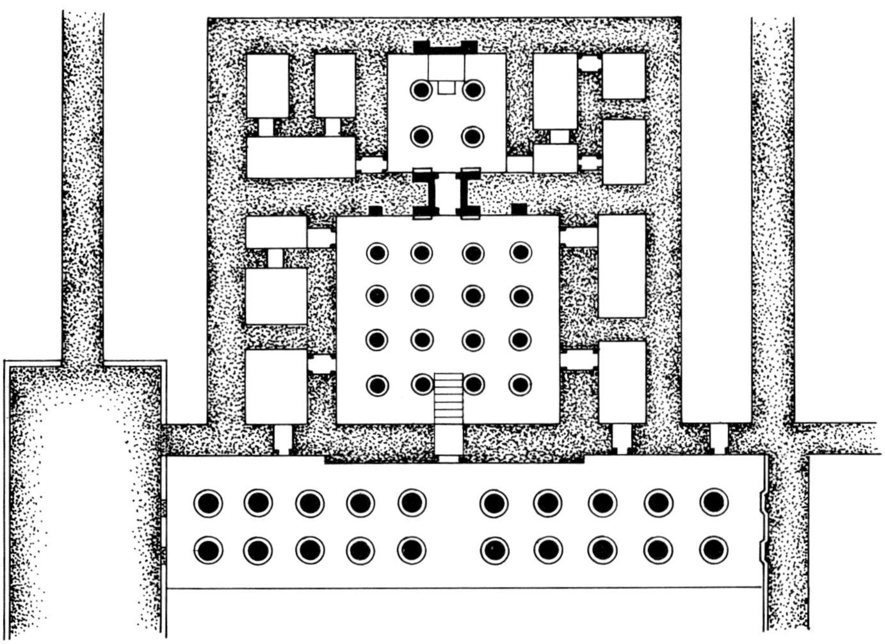

Fig. 36 Grundriß des an den Totentempel Ramses III. in Medinet Habu angebauten Palastes, mit Thronsaal (viersäulig) und Audienzsaal (mit 16 Säulen) (nach U. Hölscher).

Fig. 37 Grund- und Aufriß des Chons-Tempels in Theben, als Musterbeispiel für die Raumfolge ägyptischer Tempel. Offener säulenumstandener Hof, Überschwemmungshalle, Barkenraum, Opferraum, Allerheiligstes.

Pharao auf der Westseite des Niltals für sich errichten ließ und dessen Kult dem Sonnengott Amun-Re und dem König galt, besteht in dieser Hinsicht kein Unterschied, weswegen sie hier auch nicht getrennt behandelt werden.

Der erste »Raum«, der den Eintretenden umfängt, wenn er die Schwelle des Pylons überschritten hat, ist ein großer offener Hof. An seinen Seiten können sich Seitenhallen befinden, die mit Osirispfeilern (Pfeiler, an deren Vorderseite der König als Osiris abgebildet ist) oder Statuen des Königs geschmückt sein können. Bis in diesen Hof wurde das Volk an hohen Festen eingelassen. Er heißt deswegen auch Festhof (wśḫt ḥbjt) oder Hof der Menge (wśḫt mšʿ). Seine Bedeutung zeigte sich an Festen, an denen die Barke des Gottes dort herumgetragen wurde und dieser wohl auch gelegentlich Orakel erteilte, und an denen Barken anderer Götter, die das Heiligtum besuchten, abgesetzt wurden und der König vor dem Volk oder dem Heer erscheinen konnte (Abb. 39, 40).

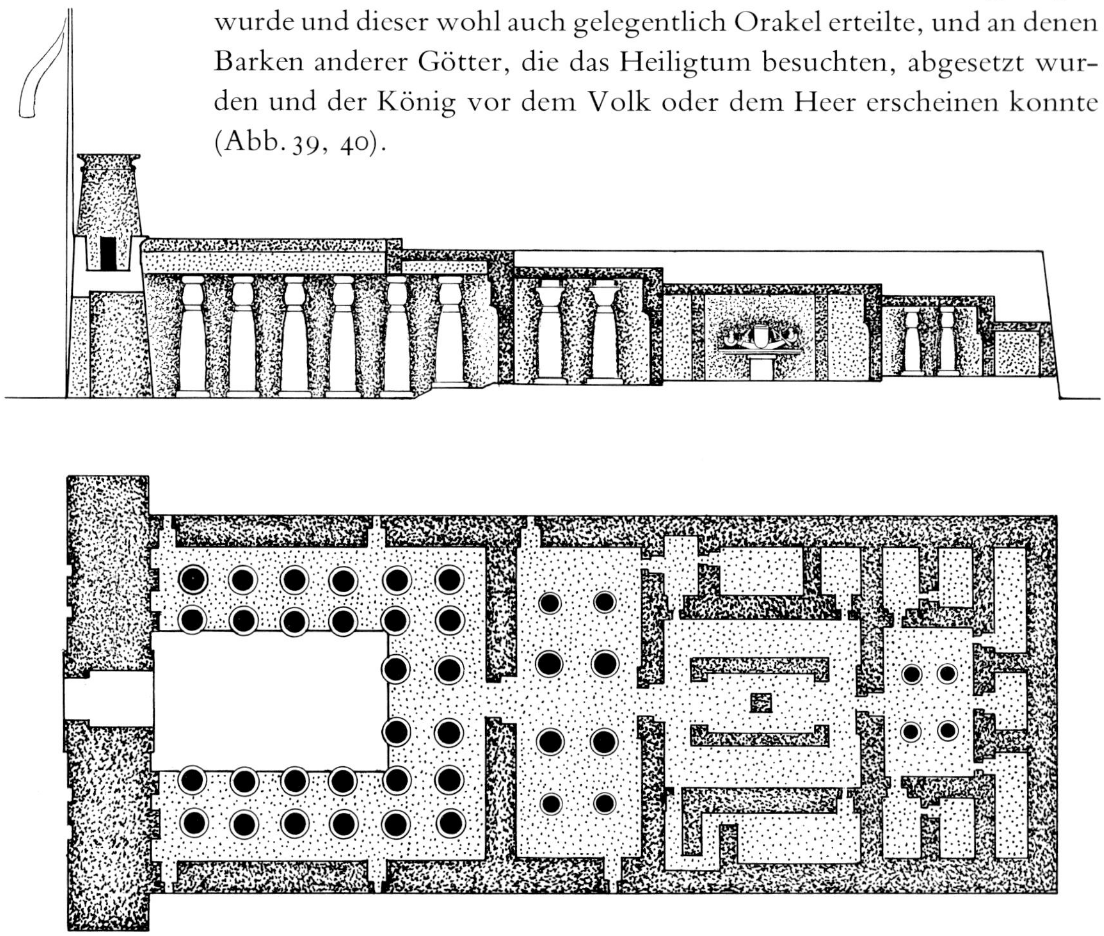

Die auf den offenen Hof folgenden Räume sind alle überdacht, so daß das eigentliche Innere des Tempels erst hier beginnt. In ptolemäischer Zeit befindet sich an diesem Übergang eine hohe Schranke, die keinem profanen Blick erlaubt, in das Innere des Heiligtums einzudringen. Der ägyptische Tempel hat in den hinteren Räumen keine Fenster, nur manchmal schmale Lichtschlitze. Der Gott wohnt im Dunklen.[9] Das Licht kann nur entlang der Achse einfallen, wenn die zwischen den einzelnen Räumen befindlichen Türen geöffnet werden. Gelegentliche Ausnahmen[10] haben eine symbolische Bedeutung, die sich aus dem Kult des dort verehrten Gottes erklärt.

Auf den offenen Hof folgt die große Säulen- oder Überschwemmungshalle (wśḫ̮t-ḫ̮ʿjt oder wꜣḫ̮jt). Sie ist dicht mit Säulen vollgestellt. Deren Bedeutung ist aber nicht, wie beim griechischen Tempel, im Tragen des Daches zu suchen, sondern erschließt sich erst, wenn wir ihren Symbolwert kennen (Abb. 41). Es sind immer Papyrusbündelsäulen mit geschlossenen Kapitellen. Manchmal sind die Kapitelle der Säulen, die rechts und links der Mittelachse stehen, geöffnet. In ptole-

Abb. 39 Der sich an den Pylon anschließende offene Hof im Horustempel von Edfu. Ptolemäisch, 3.-1. Jh. v. Chr.

9 Vgl. dazu das AT: 1. Könige 8, 12, wo Salomo bei der Einweihung des Tempels spricht: »Der Herr hat geredet, er wolle im Dunkel wohnen.«

10 Z. B. beim Luxortempel: Opfertischsaal. Siehe dazu H. Brunner, Die Sonnenbahn in ägyptischen Tempeln, in: Archäologie und Altes Testament 1970, S. 27 f.

Abb. 40 Ausschnitt aus der Prozession beim Fest des Gottes Min. Der König wird in der Sänfte vom Palast zum Festgeschehen getragen. Von der Nordostwand im zweiten Hof des Totentempels Ramses III. in Medinet Habu. 20. Dynastie, um 1170 v. Chr.

Abb. 41 Blick in die Säulenhalle (mit Papyrusbündelsäulen) des Tempels Amenophis III. in Luxor, 18. Dynastie, um 1380 v. Chr.

Fig. 38 Der Pharao übergibt ein großes Opfer an Amun. Szene aus dem Opferraum des Tempels Amenophis III. in Luxor. 18. Dynastie, um 1380 v. Chr.

mäischen Tempeln wird es dann die Regel, daß alle Säulen in offenen, sogenannten Kompositkapitellen enden. Eine solche einzelne Säule kann als Schriftzeichen gelesen werden mit der Bedeutung »gedeihen«, »grünen« (wȝḏ). Die ganze Säulenhalle entspricht dann einem Papyrusdickicht, das im Ägypter sofort die Erinnerung an den Chemmissumpf hervorrief, den Ort, an dem der kleine Horusknabe aufwuchs. Auch der Name »Überschwemmungshalle« weist auf diesen Zusammenhang hin (Abb. 42).

Der nächste Raum ist die »breite Halle« oder der Opferraum (wsḫt wdnt). In ihm werden die dem Gott bestimmten Opfer dargebracht und auf Opferständern oder kleinen Tischen aufgestellt. Alle Wände im Innern des Tempels sind wie seine Außenseite mit Reliefs bedeckt. Sie stehen in einem engen Zusammenhang mit dem, was in dem betreffenden Raum,[11] manchmal sogar an einer ganz bestimmten Stelle desselben, geschieht. Die meist in mehreren Registern übereinander angeordneten Szenen geben leider keine ausführlichen Berichte. Ursprünglich umfangreiche Handlungen werden in ein Bild, ein Merk-Zeichen zusammengefaßt, so daß nur derjenige, der den Kontext kennt, genau weiß, um was es sich handelt (Fig. 38).

Alle Wände im Tempelinnern einschließlich der Reliefs waren farbig bemalt und reich mit Edelmetallen und Halbedelsteinen geschmückt. Vor allem scheinen die Türumrahmungen besonders hervorgehoben gewesen zu sein, da sich gerade dort häufig Löcher von ehemaligen Verdübelungen von Metallplatten nachweisen lassen. In Texten wird als Ideal gerühmt, daß die Wände mit Gold, dem »Fleisch der Götter«, beschlagen seien, der Boden aus Silber gemacht sei und die Tore aus Erz mit eingelegtem Elektron. In manchen Bauinschriften ist sogar das gesamte Gewicht der beim Tempelbau verwendeten edleren Materialien angegeben. So wurden z. B. beim Monthtempel Amenophis' III. verbaut:[12]

| | | |
|---|---|---|
| Gold: | 2865,1 | kg |
| Weißgold: | 2290 | kg |
| Schwarzkupfer: | 425 | kg |
| Lapislazuli: | 584 | kg |
| Jaspis: | 157,6 | kg |
| Türkis: | 98 | kg |
| Bronze: | 1310 | kg |
| Kupfer: | 9460 | kg |

An den Raum, in dem geopfert wurde, schließt sich der Barkenraum an. Jeder Tempel hat ein tragbares Schiff, in dessen Kajüte ein Gottesbild aus Edelmetall gestellt werden kann. Zu Prozessionen kann dann der Gott aus dem Tempelinnern ausziehen und das Land und andere Tempel besuchen (Abb. 43). Solange das Schiff nicht gebraucht wird, ruht es im Barkenraum auf einem Sockel, der oben die Hieroglyphe für

11 D. Arnold, Wandrelief und Raumfunktion in ägyptischen Tempeln des Neuen Reiches. Berlin 1962.

12 Urk. IV, 1668, vgl. auch Urk. IV 1729, Urk. IV 1731.

Himmel trägt, so daß sich das Schiff normalerweise »im Himmel« befindet. Der Sockel selbst ist der »hohe Thron«, auf dem die Barke aufsitzt. Vergleichen wir den Tempel mit einem Palast, so entspricht der Barkenraum dem Thronsaal. Dort werden Befehle erteilt und Handlungen eingeleitet, und von dort aus findet der Verkehr mit der Außenwelt statt.

Der letzte Raum ist der kleinste, dunkelste und »innerste« Raum des ganzen Tempels. Dort steht in einem Schrein das ortsfeste Kultbild des Gottes. In ihm kann der Gott Wohnung nehmen. Es ist »unzugänglicher als was im Himmel ist, verhüllter als die Angelegenheiten der Unterwelt, verborgener als die Bewohner des Urwassers«[13]. Dieser Raum ist das Allerheiligste. Es ist Ende, Ziel und Herz der ganzen Tempelanlage. An der äußerlich unscheinbarsten Stelle, von außen überhaupt nicht erkennbar, im Dunkeln, ganz innerlich verborgen – sich keiner Menschenmenge, sondern nur einem einzigen Menschen offenbarend – tritt dem Pharao die göttliche Welt entgegen. Zu dieser Stelle führt der Weg durch Stufen immer stärkerer Verengung. Nicht nur die Weite der Räume verringert sich nach innen; auch der Fußboden steigt an von Raum zu Raum, so daß kleine Treppen oder Rampen dazwischen nötig sind. Diesem Sich-Anheben des Bodens nach innen entspricht nun auch noch ein Sich-Herabsenken der Decke. Auch das Licht wird immer weniger und weniger je tiefer innen die Räume liegen. Das Allerheiligste ist dadurch wirklich der engste, niedrigste und dunkelste Raum des ganzen Tempels. Aber in ihm öffnet sich der Himmel.

Diese Verengung nach innen gilt auch auf sozialer Ebene. Das Volk darf bei großen Feierlichkeiten noch in den Festhof; das Allerheiligste, der Ort, wo Gott thront, kann nur vom Pharao oder stellvertretend für ihn vom Hohenpriester betreten werden. Auch alle anderen Räume werden erst nach der Erlangung bestimmter Priestergrade zugänglich.

Derjenige, der bis ins Allerheiligste vordringt, begegnet der himmlischen Welt. Dort gibt es keine einzelnen oder vereinzelten Gegenstände wie hier in der irdischen Welt, sondern Wesen – Götter, die im Zusammenhang mit anderen Göttern wirken. Durch mannigfaltige

13 Urk. IV, 99.

Abb. 42 Blick vom Säulensaal des Horustempels von Edfu in das Allerheiligste, in dem noch der steinerne Schrein für das Gottesbild zu erkennen ist. Der Schrein trägt eine Pyramide als Bekrönung (vgl. S. 185). Ptolemäisch, 3.–2. Jh. v. Chr. Schrein von Nektanebos, um 350 v. Chr.

Beziehungen sind sie miteinander verbunden. Solche Verflechtungen werden dann gern durch Familien-Verhältnisse ausgedrückt. Die Götter sind miteinander verwandt. Auch kann ein und derselbe Gott als ein und dasselbe Wesen in verschiedenen Gestalten erscheinen. Dabei entspricht die Fülle der möglichen Erscheinungs- und Verwandlungsformen (ḫprw) der Fülle seiner Wesensäußerungen.

Dieser Zusammenhang der Götterwelt prägt sich nun auch im Tempel aus. Denn es gibt keinen Gott, dessen Kultbild in einem Tempel verehrt wird, der dort allein wohnte. Er lebt immer in einer Gemeinschaft von Mitgöttern (sogenannte theoì sýnnaoi). Diese werden immer mitverehrt und haben auch ihre Kultbilder, meist sogar in Nebenräumen, die sich an das Allerheiligste anschließen. In einem Tempel, der einem Gott aus dem Bereich des Sonnenkreislaufs geweiht ist (Amun-Re, Hathor, Horus), müssen daher die zugehörigen Götter, nämlich die verschiedenen Aspekte dieses Kreislaufs, miteinbezogen werden. So hat ein jedes solches Heiligtum mindestens zwei weitere Verehrungsstellen: eine für Re, in einem kleinen, oben offenen Hof, damit das Licht der Sonne hereinscheinen kann; und eine für Osiris, in einem Raum mit gewölbter Decke, einer dunklen Höhle entsprechend. In der Spätzeit werden diese beiden »Nebenkultstellen« meist so angelegt, daß für die Re-Kapelle ein Platz auf dem Dach des Tempels gewählt wird, unter freiem Himmel; und das Osirisheiligtum als Krypta unter der Erde seinen Ort findet (z.B. in Dendera und Edfu). Der Wandel des Sonnengottes durch Tag und Nacht hat so in der Architektur des Tempels sein Abbild gefunden und kann kultisch mitvollzogen werden.

Die bisher besprochenen Räume eines ägyptischen Tempels sind alle entlang seiner Achse aufgereiht. Daneben gibt es aber weitere Räume, die von den Haupträumen aus zugänglich sind und die nur gelegentlich, z.B. an Festen, zu bestimmten Riten gebraucht werden. Auf dem übriggebliebenen Platz der von der Mauer umschlossenen Grundfläche ist, unsymmetrisch zur Achse, die Fülle der Nebenräume verteilt, die für die Anforderungen des Kultvollzuges notwendig sind: Aufbewahrungsräume für die Kultgegenstände, Kleider- und Schatzkammern, Archive, Schlachthöfe für die Opfertiere etc.

## Der Tempel im »Leben«

War der ägyptische Tempel fertig gebaut, so wurde er durch ein einmaliges Ritual »ins Leben gebracht«. Dieses Ritual, das sogenannnte *Mundöffnungsritual,* wurde an allen jenen Körpern vollzogen, die von einem Wesen bewohnt werden sollten. An jeder Statue, die ja dem Toten eine Möglichkeit zur Anwesenheit in seinem Grab verschaffen soll, an jeder Mumie, mit der wieder zu verbinden er sich wünscht, und an jedem Gottesbild kommt dieses Ritual in Anwendung. Auch der Tempel wurde dadurch zum »lebenden Körper des Gottes«[14]. Damit verbunden war noch eine »Namengebung« für den Tempel, der so wie ein menschliches Wesen seinen Lebensweg antrat.

Mit dem Vollzug des Mundöffnungsrituals zog also Leben in den Tempel ein. Denn was bis jetzt beschrieben wurde, ist nur das äußere Gerüst, der Ort für dasjenige, was die eigentliche Aufgabe des ägyptischen Tempels war. Und diese Aufgabe kommt erst in dem reichen Leben zum Ausdruck, das sich dort abspielt.

Da ist an erster Stelle das tägliche Tempelritual zu nennen (Abb. 44, 45). Dieses Ritual, das dem tagtäglichen Lauf des Sonnenwesens und seinen Wandlungen kultisch folgt, und damit im Bild den kosmischen Ablauf auf Erden verwirklicht, wirkt durch diesen Zusammenklang wieder erhaltend auf den Kosmos zurück. Dreimal am Tage wird es zelebriert.[15] Am Morgen bei Sonnenaufgang, am Mittag und am Abend bei Sonnenuntergang. Nachts findet keine Handlung statt, da der Gott dann nicht in seiner Statue anwesend ist. Das Ritual besteht aus Handlungen, Sprüchen und Hymnen, die in bestimmter Reihenfolge gruppiert sind. Es beginnt mit den Vorbereitungen zur heiligen Handlung, wie z.B. dem »Ergreifen des Räuchergerätes«, dem »Anzünden der Flamme«, dem »Durchschreiten des Tempels«, dem »Lösen des Siegels« an den Pforten und am Schrein des Gottes etc., die jeweils von Sprüchen begleitet sind. Steht der Priester schließlich dem Gottesbild gegenüber, so beginnt der wirkliche Gottesdienst: Die Statue des Gottes wird entkleidet, gereinigt, gewaschen und gesalbt, neu bekleidet und mit den Insignien der Herrschaft versehen. Es folgen Opferungen wie z.B. die Speisung, Räucherungen und Hymnen, die je nach Festeszeit variiert werden.[16] Die rezitierten Sprüche begleiten die Handlung

14 Vgl. dazu E. A. E. Reymond: The Mythical Origin of the Egyptian Temple, Manchester 1969, S. 257 f. A. R. David: Religious Ritual at Abydos, Warminster 1973, S. 90. E. Otto: Das ägyptische Mundöffnungsritual, Wiesbaden 1960, Bd. II, S. 32 und S. 169.

15 Reymond op. cit. p. 257 und A. M. Blackman, The House of the Morning, JEA 5, S. 148. A. R. David op. cit. p. 90.

16 Vgl. z. B. die mögliche Auswahl im Amuns-Ritual im Pap. Berlin 3055.

und deuten sie mythologisch: Dabei ist die ausgeführte Geste Bild einer geistigen Wirklichkeit.

Als Beispiel diene der erste Spruch des Amun-Rituals[17]:

»Spruch, um Feuer zu schlagen.
Komme, komme in Frieden, Horusauge (= die Flamme).
Leuchte, sei kräftig und jung, in Frieden.
Es leuchtet jetzt wie Re in den beiden Horizonten.
Es hat sich verborgen die Macht des Seth vor dem Auge des Horus.
›Ergreife ihn!‹
Horus triumphiert wegen seines Auges. Denn das Auge des Horus vertreibt die Feinde des Amun-Re, des Herrn der Throne der beiden Länder, an allen ihren Stätten.«

Die äußere Handlung besteht im Anzünden einer Flamme, die kräftig zu leuchten anfängt. Dadurch wird die Finsternis vertrieben. Diese Handlung wird nun im Text gleich mythologisch ausgelegt. Da wird die leuchtende Flamme mit dem Horusauge identifiziert, das Seth, den Sonnenfeind, der sich in der Dunkelheit manifestiert, besiegt und vertreibt. Und wie das Licht, das nicht nur einzelne Stellen beleuchtet, sondern allseitig ausstrahlend die Dunkelheit zurücktreibt, so muß auch Seth von »all seinen Stätten« weichen. Nun kann aber auch der Mythos wieder gedeutet werden. Und erst dann kommt die tiefere Schicht zutage, die in den Vordergrund des mythologischen Bildes verschlüsselt ist. Dazu ist aber notwendig, daß man die Bedeutung des Horusauges kennt. Wie früher gezeigt,[18] ist es ein Bild für den Sonnenlauf und seine Geheimnisse. Als Eingeweihter kennt der Pharao diese Mysterien, d.h. er hat Einblick in die geistige Welt. Im Kult stellt sich das als Aufleuchten der Flamme, des Horusauges, dar. Der Pharao, der den Kult ausübt, spricht also davon, daß er durch Reinigung und Einweihung den Widersacher vertrieben, die Seelenfinsternis durch Geisteslicht überwunden hat.

Die in das Ritual eingeschalteten Hymnen haben nicht nur eine Beziehung zum jeweils verehrten Gott, sondern sind auch, vor allem wenn es sich um den Sonnengott handelt, mit dem Lauf der Welt synchronisiert. So wechseln im Laufe des Tages Morgen- und Abendhymnen an Chepri und Atum.

17 Pap. Berlin I, 2–5.

18 Vgl. S. 89.

Die Brücke zwischen Kosmos und Erde wird durch den Pharao hergestellt, der ja Vertreter des Sonnengottes auf Erden ist und der den täglichen Kult zu vollziehen hat. Zwischen ihm und dem Sonnengott besteht »Wesensgemeinschaft«.[19] Indem der »Sohn des Re« auf Erden den täglichen Tempelkult vollzieht, hilft er dem Sonnengott, seinem Vater, den Lauf der Sonne in Gang zu halten. Er ist

»Helfer des Re-Harachte, ...
Der bewirkt, daß die Barke dahingleitet in Herzensweite.«[20]

Die Erhaltung der himmlischen Ordnung bedarf also der Mitwirkung des Menschen!

Spielt sich das tägliche Tempelritual noch mehr im stillen ab, hinter verbergenden Tempelmauern, so wird das Leben, das an den großen Festen vom Tempel ausstrahlt, allen Menschen offenbar. Diese Feste regeln und gestalten die größeren Zeitabläufe. Besonders eindringlich werden die großen mehrtägigen Jahresfeste gefeiert (das Neujahrsfest, das Opetfest, das »schöne Fest vom Wüstental« etc.), die den Jahreslauf begleiten wie das tägliche Tempelritual den Tageslauf. Kleinere Götterfeste finden jeden Monat statt.

Das wichtigste Ereignis all dieser Feste ist, daß der Gott und seine Mitgötter aus dem Innern des Tempels herausziehen in die sichtbare Welt und den Menschen auf der Erde erscheinen. Bei kleineren Festen zieht die Gottesbarke nur durch die verschiedenen Örtlichkeiten des Tempels selbst (z. B. vom Barkenraum auf das Dach oder in die Krypta), erscheint also nicht dem Volk, das dann an einem solchen Fest auch weniger Anteil nehmen kann. Doch an den großen, feierlichen Prozessionen, die mit dem Erscheinen der Götter bei den großen Festen verbunden sind, nimmt die gesamte Bevölkerung Anteil. Ein solches Fest wird immer mit viel Glanz und Prunk gefeiert, der herrlichen Erscheinung der göttlichen Welt entsprechend, und stets auch von Musik begleitet, so daß eine feierliche Stimmung in den Menschen entsteht und diese weit über das alltägliche Leben hinaushebt (Abb. 46).

Der Festtag beginnt mit dem Auszug des Gottes aus dem Innern des Tempels. Dieser Auszug wird vom Volk wie das Aufgehen der Sonne erlebt, das In-Erscheinung-Treten des Sonnengottes. Das Ereignis ei-

19 J. Assmann, Der König als Sonnenpriester, Glückstadt 1970, S. 66 f.

20 op. cit. S. 68, Text aus der Re-Kapelle von Medinet Habu.

Abb. 43 Darstellung der abgestellten Prozessionsbarke des Amun, im Barkenraum des Tempels Sethos I. in Abydos. Die Barke ruht auf einem Sockel, der sich in einem hölzernen Schrein befindet. 19. Dynastie, um 1300 v. Chr.

Abb. 44 Seite 142. Der Pharao bringt dem in einem Schrein stehenden Bild des Horus die Maat dar. Östliche Seite der Osirishalle im Tempel Sethos I. in Abydos, 19. Dynastie, um 1300 v. Chr.

Abb. 45 Seite 143. Der Pharao beim Räucheropfer vor den Bildern von Osiris und Isis im Allerheiligsten des Tempels Sethos I. in Abydos, 19. Dynastie, um 1300 v. Chr.

Abb. 46 Seite 144. Soldaten und Musikanten aus der Festprozession des Opetfestes. Von der Ostwand der großen Kolonnade des Tempels Amenophis III. in Luxor. Zeit des Tutanchamun, 18. Dynastie, um 1340 v. Chr.

nes solchen Tagesanfangs wird in einem Morgenhymnus in folgender Weise beschrieben:

»Der König betet Re an in der Morgenfrühe, ...
wenn er auffliegt zum Himmel als Chepri, ...
bei seiner Geburt im Osten des Himmels...
Er läßt sich nieder in der Morgenbarke.
Der König kennt
diese geheime Rede da, die die östlichen Seelen sprechen,
indem sie Jubelmusik machen für Re,
wenn er aufgeht, wenn er erscheint im Lichtland;
indem sie ihm die Flügel öffnen
an den Toren des östlichen Lichtlands,
wenn er dahinfährt auf den Wegen des Himmels.
Er kennt ihr geheimes Aussehen und ihre Verkörperungen,
ihre Heimat im Gottesland.
Er kennt den Ort, an dem sie stehen,
wenn Re den Weganfang beschreitet.«[21]

Der König befindet sich als oberster Priester und als Festleiter im Innern des Tempels, kurz vor Sonnenaufgang, ehe die Tempeltore geöffnet werden. Da ertönt die Jubelmusik der »östlichen Seelen«, d.h. die Sänger und Sängerinnen des Tempels stimmen den Morgengesang an. Dann werden die Flügel der Tempeltore geöffnet, und der Gott erscheint. Das kosmische Ereignis wird also wieder im irdischen Kultus analog nachgebildet. An dieser Szene fällt die Ähnlichkeit mit der Schilderung des gleichen Ereignisses in der Arielszene von Goethes Faust auf, an die hier noch erinnert werden soll:

»Horchet! horcht dem Sturm der Horen!
Tönend wird für Geistesohren
Schon der neue Tag geboren.
Felsentore knarren rasselnd,
Phöbus' Räder rollen prasselnd,
Welch Getöse bringt das Licht!
Es trommetet, es posaunet,
Auge blinzt, und Ohr erstaunet,
Unerhörtes hört sich nicht.«

21 ÄHG aus Nr. 20.

143

144

Bis in Einzelheiten stimmt also diese Schilderung Goethes mit den ägyptischen Erlebnissen überein; ein Zeichen für die Objektivität der Wahrheitsschicht, aus der die Bilder geschöpft sind.
Der Gott zieht nun heraus und schreitet der Prozession voran (procedere). An verschiedenen Stationen wird Rast gemacht, werden verschiedene Riten und Opferungen vollzogen. Dabei ertönt immer Musik, Sänger und Sängerinnen, Trommler, Trompeter und andere Musikanten begleiten den Gott während des ganzen Weges (Abb. 47). Die Stimmung der Festteilnehmer kommt in folgendem Festlied sehr schön zum Ausdruck:
»O herrlicher Tag, an dem man der Vollkommenheit Amuns gedenkt.
Wie heiter ist das Herz.

Abb. 47 Priester tragen die Barke des Königs in der Festprozession des Opetfestes. Rechts das Eingangstor des Pylons (die vier Flaggenmasten des linken Pylonturmes sind zu erkennen) vom Reichstempel in Theben. Westwand der Kolonnade des Tempels Amenophis III. in Luxor. Zeit des Haremhab, 18. Dynastie, um 1330 v. Chr., vgl. Fig. 39.

Man lobpreist vor dir bis zur Höhe des Himmels.
Erhoben aber sind unsere Herzen durch das, was sie sehen.«[22]

Auch Tanz- und Akrobatengruppen ziehen mit im Gefolge des Gottes. Das Ziel des Festzuges ist immer ein Tempel. Hinter seiner Mauer entschwindet der nur für wenige Stunden auf der Erde erschienene Gott und kehrt wieder in die Unsichtbarkeit zurück. Walter Andrae hat solche Prozessionsumzüge einmal treffend mit dem menschlichen Lebenslauf verglichen.[23] Aus der Unsichtbarkeit wird der Mensch geboren; zieht seinen »Lebensweg« dahin, zusammen mit anderen Menschen, die auch »auf dem Weg« sind; erlebt darin manche wichtigen »Stationen«, auch manche »Durststrecken«; durchläuft eine »Laufbahn« und gelangt schließlich mit seinem Tod ans Ende seiner Erdenwirksamkeit – wieder unsichtbar werdend.

Die Götterprozessionen unterscheiden sich aber insofern vom Lebenslauf, als sie immer Kreisläufe darstellen (Fig. 39). Wenn auch oft erst nach Tagen des »Ruhens« im Zieltempel (z. B. beim Opetfest,[24] an dem Amun, Mut und Chons, die »Triade« von Theben, zehn Tage im Tempel von Luxor ruhte; oder beim »schönen Fest vom Wüstental«, an dem Amun-Re mehrere Tage auf der Westseite von Theben verbrachte; oder bei dem großen Fest, zu dem die Hathor von Dendera im

22 Übersetzung aus S. Schott, Das schöne Fest vom Wüstentale, Wiesbaden 1952, S. 132, Nr. 147. Vgl. auch S. Schott, Altägyptische Festdaten, Wiesbaden 1950, S. 74 (Lied aus Theben, Grab 38 und Grab 69).

23 Walter Andrae, Alte Feststraßen im Nahen Osten. Leipzig 1941.

24 W. Wolf, Das schöne Fest von Opet, Leipzig 1931, S. 72.

Tempel des Horus von Edfu fünfzehn Tage weilte[25]), so kehrte doch der Gott jedesmal wieder in seinen ursprünglichen Tempel zurück. Auch in der Art der Fortbewegung unterscheidet sich die menschliche und göttliche Teilnahme an einem Fest. Der Mensch muß schreiten, Götter werden getragen. Der Mensch geht auf der Erde (ein Schiff benutzt er nur für die unbedingt notwendige Fahrt über den Nil), die Götter befahren den Strom oder Kanäle und benutzen den Landweg nur dort, wo Schiffe nicht hingelangen können, werden aber selbst dann noch in Barken getragen.[26]

An seinem Fest empfängt ein Gott die ihm gebührende Verehrung. Dem Pharao und mit ihm den Menschen obliegt an diesem Tag nur dieser Dienst. Der König ist oberster Festleiter, er begleitet den Gott wie ein Sohn auf seinem ganzen Wege. Auch die gesamte Hierarchie der Beamten ist an der Festesgestaltung beteiligt, sei es, daß sie den »Gott rudern«, den Gott empfangen mit Lobeshymnen, oder sei es, daß sie überall da ordnend eingreifen, wo Unordnung und Chaos sich ausbreiten könnten. Die Menge der Menschen begleitet den Festzug. Sogar die Toten nehmen Anteil am Festgeschehen.[27] Der ganze Kosmos, Götter und König, Lebende und Tote wirken zusammen, um das Fest richtig und würdig zu vollziehen.

Fig. 39 Priester tragen die Barken des Chons, der Mut und des Königs in der Festprozession des Opetfestes. Westwand der Kolonnade des Tempels Amenophis III. in Luxor. Zeit des Haremhab, um 1330 v. Chr. (nach Wreszinski).

25 Fr. Daumas, Dendara et le Temple d'Hathor. Kairo 1969, S. 101.

26 Ruderfahrt (ẖnt) ist sogar Ausdruck für »Prozession« schlechthin, auch wenn sie nicht auf dem Wasser stattfindet. Vgl. z. B. Urk. IV, 753, 16.

27 G. Wohlgemuth hat in seiner Göttinger Diss. (1957, ungedruckt) über das Sokarfest herausgearbeitet, daß es Lebende und Tote, Götter und König in gleichem Maße betrifft.

Die ganze Gestaltung eines Festes ist damit wieder ein Bild der ägyptischen Welterfahrung. Die Götter wohnen nicht in einem fernen, unerreichbaren Reich für sich (auf dem Olymp), sondern leben und erscheinen auch auf der Erde. Ihr eigentliches Wesen bleibt zwar auch hier unsichtbar und verborgen (denn ihr Bild bleibt ja verhüllt in den Kajüten der Barken), aber sie sind anwesend und wirksam, und jedermann erlebt ihr Dasein. Hier, im Umkreis der Menschen, sind sie zu finden und manchmal sogar anzusprechen. Denn ein Gott kann sich an großen Festen durch Orakel offenbaren. Die Götter wiederum bedürfen der Menschen, die sie ziehen, sie rudern, sie tragen, so daß sie eigentlich erst durch die Menschen »vorwärts kommen«. Ihr Weg ist höher, erhabener als der der Menschen – sie schweben getragen über den Köpfen der Menge oder fahren lautlos auf den Wellen des Lebenselementes –, aber dafür leiten sie auch die irdischen Wesen, lassen den König ihre »Pläne« wissen, geben den Menschen die himmlischen Ordnungen (Maat). Dieses große Zusammenwirken des ganzen Kosmos wird an den hohen ägyptischen Festen von den Teilnehmern empfunden und prägt sich so tief ein, daß sie »wissen«, daß Götter *sind*.
Auch der längste der Zeitläufe, der dem Ägypter erlebbar ist, der menschliche Lebenslauf, erhält durch Feste bewußte Zäsuren. Nur ist das nicht ihr eigener, privater Lebenslauf, sondern der Lebenslauf ihres Königs. Es gibt ein Fest der Thronbesteigung, der Krönung, Siegesfeste und Jubiläumsfeste (z. B. das Hebsedfest, das nach 30jähriger Regierung das erstemal und nach drei weiteren Jahren das zweitemal gefeiert wird).
So strahlt das Leben des Tempels aus in das Land, ordnet und gliedert durch Rhythmen die Zeitabläufe des Lebens. Dies ist dem Wirken der Götter zu verdanken, die durch den Tempel und die von ihm ausgehenden Feste in die irdische Welt hereinleuchten – zum Gedeihen des Landes und zur Erhöhung der Empfindungen seiner Bewohner.

## Der Tempel als Form

In dem nun folgenden Abschnitt wollen wir versuchen, uns einzuleben in die Empfindungen eines Ägypters, die er durch die Architektur des Tempels vermittelt bekommen hat. Dabei wollen wir wieder alles das unberücksichtigt lassen, was durch das reiche Leben vom Tempel ausstrahlt, und uns nur auf das Bauwerk selbst konzentrieren.

Dazu müssen wir von Anfang an gleich zwei Gruppen von Menschen unterscheiden: diejenigen, die zum ägyptischen Volk gehörten und die fast immer außerhalb des Tempels blieben, und diejenigen, die durch ihre stufenweise Schulung weiter ins Innere des Tempels vordringen konnten. Das Allerheiligste durfte eigentlich nur vom Pharao betreten werden.

Die Menge der Ägypter erlebte den Tempel nur von außen. Sie kannten ihn als segensreiche Einrichtung, in welcher der König mit den Göttern in Beziehung trat, wodurch Leben und Heil auf die Erde niederströmten und wodurch ihre soziale Ordnung mit höherem Inhalt erfüllt wurde. Sie wußten von den göttlichen Ordnungen durch die Feste, die vom Tempel ausstrahlten, und sie wußten auch, daß ihre irdische Ordnung ein Bild dieser himmlischen Welt war. Wenn man persönlich den Gott anbeten wollte, so ging man zum Tempel, in dem der Gott wohnte, aber man blieb außerhalb, vor dem geschlossenen Tor. Man kam bis zur Schwelle. Nur an den großen Festen war das Tor offen und der Eintritt bis in den ersten Hof möglich. Dieser ist immer noch oben offen, noch nicht völlig getrennt vom kosmischen Himmel. Die weiteren Stufen nach innen blieben dem Volk dann verschlossen. Deutlich ist die Absicht, die mit dem ägyptischen Tempel verbunden war. Denn die Ägypter erlebten die Götter in der Welt, noch nicht in einem von dieser abgeschlossenen Innenraum. Aber sie sollten üben, den Gott im »Innern« zu suchen, d.h. ihr eigenes Ich mit dem eigenen Innern verbinden. Ein geschlossener Tempelinnenraum kann dazu verhelfen, den Gott dort zu finden und dort verehren zu können. Völker, die Gott im Walten der Elemente und im Weben der Natur erleben, brauchen und haben auch keine Tempel mit Innenräumen. Erst zur Zeit des römischen Weltreiches (um Christi Geburt, im Pantheon), ist ein Teil der Menschheit so weit, Gott im Innern finden zu können.

Vorher sind nur diejenigen zu den inneren Räumen der heiligen Gebäude zugelassen, die eingeweiht sind. Das Christentum, das nur im Innern der Menschenseele gefunden werden kann, erstrebt diese Verinnerlichung von seinem Ursprung an durch die Ausübung des Kults in Innenräumen. Aber auch hier nahmen an der Feier der Messe im Kircheninnern am Anfang nur die »Geweihten« teil, die anderen durften dem heiligen Geschehen nur von ferne, von außen folgen.

Um den ganzen Weg ins innerste Heiligtum nachempfinden zu können, müssen wir uns also in die Lage des Pharaos versetzen, der diesen Weg als einziger Ägypter bis zum Ende durchschreiten konnte und mußte. Begleiten wir ihn auf seinem Tempelgang:

Der Zugang zum Tempel beginnt nicht an seinem Tor, sondern schon weit vorher. Denn die äußere Welt ist von Wegen durchzogen, die zu bestimmten Tempeln führen. Diese Wege sind oft von Alltagswegen dadurch unterschieden, daß sie mit Steinplatten gepflastert sind. Seit dem Neuen Reich werden solche »Feststraßen« auch gern mit Sphingen geschmückt (Abb. 48), die rechts und links des Weges in regelmäßigen Abständen aufgestellt sind. Ihr Leib liegt streng und unbewegt,

Abb. 48 Prozessionsweg mit Sphingen zum Tempel von Luxor. Um sich den ursprünglichen Anblick vorstellen zu können, sind die vier Flaggenmasten, das geschlossene Tor und der zweite Obelisk zu ergänzen.

große Ruhe ausstrahlend. Ihr Blick ist auf nichts Irdisches, nichts Zufälliges in der Erscheinungswelt gerichtet, sondern auf die eine, unendlich ferne Stelle, auf den Horizont, gelenkt, wo sich Himmel und Erde berühren und sich das Tor zum Himmel befindet. Ganz gesammelt ist ihr Wesen, von großem Ernst erfüllt. Durch ihre Reihen hindurch muß schreiten, wer auf den Ernst des Tempeleintritts und die damit verbundene Gottesbegegnung vorbereitet wird. Das Bewußtsein wird auf Wesentliches gewiesen und das Gefühl eingestimmt auf das Ereignis, das den Vorwärtsschreitenden erwartet. Je näher er nun dem eigentlichen Tempeltor kommt, desto höher erhebt sich vor ihm eine undurchdringliche, abweisende Wand: »Seine Pylone reichten bis zum Himmel, die Flaggenmasten bis zu den Sternen.«[28] Vor dieser Wand, rechts und links vom schmalen, hohen Tor, sitzen die beiden riesigen Gestalten des Königs. Auch sie haben nichts Zufälliges an sich, sind vollkommen in den kosmischen Raum, in die drei Dimensionen eingebunden und schauen wie die Sphingen zum unendlich fernen Himmelshorizont. An ihnen muß vorbei, wer durch das Tor hindurch will. Nur bescheiden und demütig kann man sich dieser Stelle nähern, denn der kolossale Eindruck, den diese Gestalten hervorrufen, macht den Eintretenden auf seine gegenwärtige »Größe« aufmerksam. Diese Schwellensituation zu bestehen, helfen die beiden Obelisken. Als Sonnenzeichen[29] weisen sie nach oben, den Menschen mitaufrichtend (Abb. 49).

Die Begegnung mit dem Gott hat als Voraussetzung die Reinheit. Der Pharao muß also durch verschiedene Zeremonien vor dem Eintritt in das Innere des Tempels gereinigt werden. Das »Waschen der Füße«, das »Waschen der Hände und des Gesichts«, das »Reinigen des Mundes«, das »zeremonielle Bad« sind Rituale, die einem Tempelbesuch vorausgehen müssen.[30] Dabei sind es die Götter, die reinigen. In einem erhaltenen Reinigungsritual heißt es:

»Thot reinigte seinen (des Pharaos) Mund mit Wasserkrügen ...
er hat ihn mit Weihrauch aus Punt gesäubert.
...
Horus beseitigte alles Übel an ihm ...
Alle Übel kommen nicht zu ihm und werden ihn nie erreichen.«[31]

28 Urk. IV, 1651.

29 Vgl. dazu W. Westendorf, Altägypt. Darstellungen des Sonnenlaufs, Berlin 1966, Nr. 54.

30 S. Schott, Die Reinigung Pharaos in einem memphitischen Tempel. Göttingen 1957, S. 87.

31 op. cit. S. 53.

»Der Schmutz Pharaos zur Flut. Sein Übel dem Ufer.
Was er verabscheut, ist im Wasser und schwimmt im Nun.
Er hat seinen Feind vernichtet, als er in ihm aufleuchtete.
Er hat seinen Feind gefällt. ...
Die Götter sind zufrieden mit Pharaos Reinheit.«[32]

An diesem Text ist auffallend, daß die Übel wie von außen geschildert werden. Es sind Feinde, die der Gereinigte »vernichtet« und »gefällt« hat. Götter haben ihm dabei geholfen. Diese Situation ist aber nun genau diejenige, die auf der Außenseite der Pylone und der Umfassungsmauer dargestellt wird: das Fällen der Feinde im Beisein und mit der Hilfe eines Gottes, der dem Pharao eine Waffe übergibt (Abb. 50). Das läßt daran denken, daß die Bilder auf den Tempelwänden nicht nur das bedeuten sollen, was sie nach außen darstellen, sondern daß darin wiederum ein tieferer Sinn aufleuchten kann. Der Schlüssel zur Herauslösung dieses Sinns liegt in dem Prinzip, daß der Ägypter als äußere Gestalten darstellt, was eigentlich innere Kräfte und Eigenschaften der Seele sind.

Die »Prüfung« der Reinheit geschieht an der Schwelle. An ihr entscheidet sich, ob der Ankommende in den Tempel eingelassen werden kann. Die Dichte der künstlerischen Gestaltung an dieser Stelle, das enge hohe Tor, die beiden Obelisken und die beiden Sitzfiguren, machen den zu Gott Strebenden auf diese Anforderung aufmerksam. Am eindruckvollsten wirken auf ihn die beiden Wächter. Ihre Größe, ihr Ernst und ihre Konzentration wenden ihn hin zum Ziel des Weges. Unreine Seelenregungen können hier gar nicht mehr aufkommen, so übermächtig wirkt die Anwesenheit der königlichen Gestalten. Wie ein Aufruf zum Bestehen dieser Prüfung weisen die Obelisken nach oben, zum Sonnengott. Durch sie wird das Geheimnis berührt, das den Menschen mit Gott verbindet und das im Bewußtsein des Eintretenden anklingen muß, um ihm zu ermöglichen, erhobenen Hauptes durch die hohe, aber enge Pforte hindurchschreiten zu können.

Ist diese Schwelle überwunden, so ist der Mensch von der alltäglichen Umwelt abgeschnitten. Im Lichte des Sonnengottes erscheinen dem König und seinem Volk bei feierlichen Festumzügen die Götter. Nur

Abb. 49 Eingang zum Tempel Amenophis III. in Luxor, rechts und links vor dem Pylon die kolossalen Sitzfiguren Ramses II. und die beiden Obelisken (der rechte davon heute in Paris). Zeit Ramses II., 19. Dynastie, um 1280 v. Chr.

32 op. cit. S. 55.

Abb. 50 Das Erschlagen der Feinde, das immer auf der Außenwand des Pylons dargestellt wird. Der falkenköpfige Re-Harachte reicht dem König ein Sichelschwert. Vom Tempel Ramses III. in Medinet Habu, 20. Dynastie, um 1170 v. Chr.

noch auf sie wendet sich alle Aufmerksamkeit. Dies ist die erste Stufe der Konzentration, die auf dem Weg nach innen erreicht wird und die hier, noch unter freiem Himmel, der Pharao mit den übrigen Menschen teilt (Abb. 51).

Die Bilder an den Wänden im Innern des Tempels berichten – im Gegensatz zu den Bildern an den Außenseiten, die immer das Besiegen der Feinde zum Inhalt haben – von stufenweiser Näherung zu Gott. Die erste Station dazu ist die Begegnung mit den Göttern an Festen, die noch in eine öffentliche und soziale Situation eingebettet ist. Alle weiteren Schritte müssen allein gegangen werden, ohne eine mittragende Gemeinschaft.

Abb. 51 Der erste Hof des Totentempels Ramses III. in Medinet Habu. Hinter der Kolonnade ist das »Erscheinungsfenster« zu sehen, an dem, bei besonderen Anlässen, der König dem Volk erschien. Rechts die Rampe in den höhergelegenen zweiten Hof. 20. Dynastie, um 1170 v. Chr.

Tritt nun der Pharao in die inneren Räume des Tempels ein, so läßt er alles, was Außenwelt ist, hinter sich. Er geht ins Dunkel. Zuerst muß er aber das vor jedem neuen Raum befindliche Tor öffnen. Durch das Öffnen fällt Licht in den nächsten Raum. Und das Licht dringt nur dadurch in diesen Raum, daß der Pharao den Weg nach innen beschreitet und dabei ein Tor nach dem anderen öffnet. Von Raum zu Raum wird das von außen einfallende Licht weniger, leuchtet aber das Licht, das der Pharao selbst entzünden muß, um sehen zu können (das Horusauge), mehr auf. Bleibt er stehen, dann bleibt das Gottesbild verborgen. Er muß weiterschreiten auf dem Weg, um zu Gott zu gelangen. So geht der Pharao tätig nach innen, die Pforten öffnend, dadurch mehr Licht in das Dunkel bringend, bis er im letzten Raum das Siegel am Schrein des Gottes löst, auch die letzte Türe öffnet und dort dem leuchtenden Bilde Gottes begegnet. An diesem »innersten Ort« (nfrw[33]) des Tempels herrscht Vollkommenheit (nfrw), Göttlichkeit. Dorthin zu gelangen, war Ziel und Aufgabe des Königs.

Mit dem Beschreiten des Weges nach innen ist nun verbunden ein stetiges Aufsteigen, wie es ja schon vom Bau her veranlagt ist. Mit diesem Aufsteigen von der Erde korrespondiert ein Sich-Nähern der Decke, des Himmels. Die Decke ist mit Sternen bemalt (Abb. 52, 53). Am Himmel über der Tempelachse, der Sonnenbahn, begleiten »geflügelte Sonnenscheiben« und fliegende Horusfalken den Weg des Königs. Je weiter also der Pharao geht und aufsteigt, desto mehr nähert sich ihm der Sonnengott! Im »Innersten« treffen sich beide, in »Vollkommenheit«.

Abb. 52 Mit Sternen geschmückte Decke über der Kolonnade des zweiten Hofes. Totentempel Ramses III. in Medinet Habu, 20. Dynastie, um 1170 v. Chr.

Fig. 40 Längsschnitt durch den Terrassentempel der Königin Hatschepsut in Deir el Bahari.

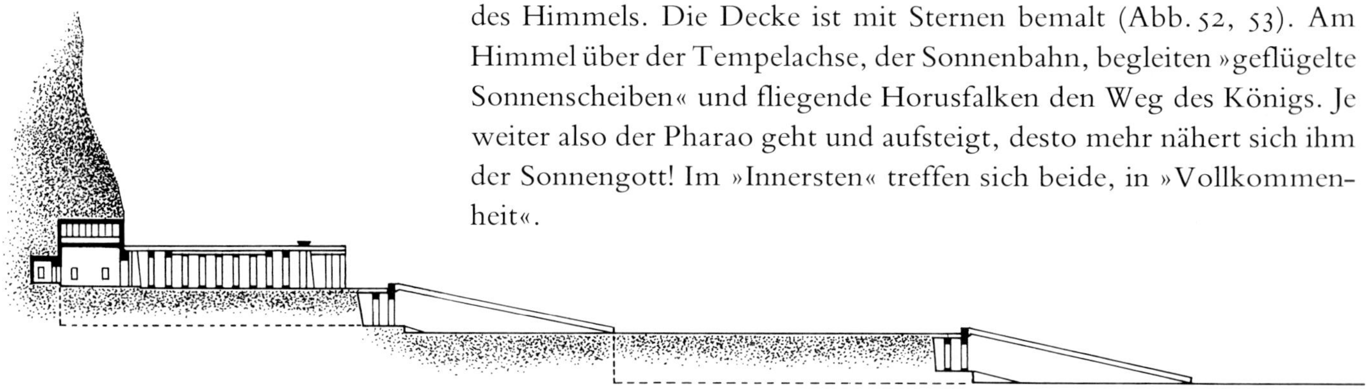

Einmal in der Geschichte des ägyptischen Tempelbaus hat dieser zuletzt geschilderte Zusammenhang im Terrassentempel der Königin *Hatschepsut* in Deir el Bahari eine besondere Ausgestaltung erfahren. Diese Idee liegt aber, mehr oder weniger verborgen, jedem ägyptischen Tempel zugrunde.[33a] Das Besondere des Tempels der Hatschepsut ist die terrassenförmige Anlage der Vorhöfe, die durch lange Rampen miteinander verbunden sind. Im Aufriß erscheinen daher die Hieroglyphenzeichen für Maat ▱ (Fig. 40, Abb. 54).

Die eigentliche Aufgabe des Königs, das Aufsteigenlassen der Maat, wird, wie schon bei der Djoserpyramide, auch hier wieder in architektonische Formen umgesetzt. Auf der Mittelachse schreitet der Pharao empor, getragen von der Maat, und ihm entgegen senkt sich, da der Tempel in westliche Richtung orientiert ist, der Sonnengott. Aber jetzt nicht verborgen im Tempelinnern, sondern real am Himmel. Indem der Pharao aufsteigt, steigt das göttliche Sonnenwesen ab. Sie begegnen sich beide im Allerheiligsten, das in den Felsen des Berges hinein-

33 Urk. IV, 1672, 9; vgl. R. Stadelmann, Šwt-Rʿw als Kultstätte des Sonnengottes im Neuen Reich, Mitteilungen des Deutschen Arch. Inst. Kairo 25/1969, S. 161 mit n. 7.

33a Große Ähnlichkeiten mit dem Tempel der Hatschepsut haben auch die Tempel Mentuhoteps (aus der 11. Dyn.) und Thutmosis III. in Deir el Bahari. Vgl. dazu J. Lipińska, Deir el Bahari II, The Temple of Thutmosis III., Architecture, Warschau 1977, und D. Arnold, Der Tempel des Königs Mentuhotep von Deir el-Bahari, Bd. 1 (Architektur und Deutung), Mainz 1974.

gebaut ist, im Innern der Erde. Die Vereinigung des Sonnengottes mit der Erde war auch das Geheimnis, das die Pyramiden verkündeten, nur findet die Vereinigung jetzt für die Außenwelt unsichtbar, vom Felsen des Berges umgeben, im Westen, dem Bereich des Todes, der Nachtsonne, statt.

Dem Abstieg und Tod des Sonnenwesens am Himmel korrespondiert das Aufsteigen und Auferstehen des Sonnengottes im Pharao auf Erden.[34] Die Brücke, die die beiden Sphären verbindet, wird wieder durch die Maat geschaffen. Denn das Zeichen für Maat ist gleichzeitig eine Darstellungsform des Urhügels, desjenigen Ortes der Welt, an dem der Sonnengott als Schöpfer seinen ersten Anfang nimmt.[35] Dort läßt er sich nieder, sich mit der Erde verbindend, wie wir es schon bei

Abb. 53 Mit der geflügelten Sonnenscheibe und fliegenden Geiern geschmückte Decke über dem Prozessionsweg des Totentempels Ramses III. in Medinet Habu, 20. Dynastie, um 1170 v. Chr.

Abb. 54 Blick auf den Terrassentempel der Königin Hatschepsut in Deir el Bahari. Im Hintergrund der Tempel Mentuhoteps II., 18. Dynastie, um 1490 v. Chr.

den Pyramiden gesehen haben, die auch als eine Form des Urhügels angesehen worden sind. Aber dort befindet sich auch das Grab des Osiris, der in ihm ruht. So ist also der Urhügel ein Symbol für Tod und Auferstehung des Sonnengottes. Indem das Zeichen für Maat den Urhügel darstellt, wird auf den Abstieg, den Tod und die Auferstehung des Sonnenwesens hingewiesen.[36]

»Der Himmel senket sich, er kommt und wird zur Erden;
Wann steigt die Erd empor und wird zum Himmel werden?

Erweitere dein Herz, so gehet Gott darein:
Du sollst sein Himmelreich, er will dein König sein.«

ANGELUS SILESIUS

34 Das Erscheinen des Pharaos auf dem Thron wird mit demselben Wort bezeichnet wie das Erscheinen und Erstrahlen der Sonne am Morgen (ḫaj). Vgl. A. de Buck, De Egyptische voorstellingen betreffende de oerheuvel, Leiden 1922 p. 63–71.

35 C. J. Bleeker, De betekenis van de Egyptische godin Maat, 1929, p. 13 ff.

36 Hatschepsut hat bei ihrer Krönung den Namen Maat-Ka-Re (die Maat ist die Lebenskraft des Re) angenommen. Da solche Namen immer ein »Lebensprogramm« enthalten, ist zu erwarten, daß in ihrem Totentempel Anspielungen auf diesen Gedanken zu finden sind. Dieser Zusammenhang stützt also auch die oben vertretene These.

## Der Sinn des Tempels

Allgemein bekannt war den Ägyptern, daß der Tempel das »Haus Gottes« ist. In ihm konnte der Gott dann wohnen, wenn es so gebaut und ausgestattet war, daß er seinem himmlischen Thron glich. »Der König Amenophis hat das Gotteshaus neu errichtet, ... den Ruheort des Herrn der Götter, der gleich war seinem Sitz im Himmel.«[37] Das war sozusagen der allbekannte Aspekt. Der Tempel hat aber noch einen tieferen Sinn, den nur die Wissenden kannten, denn: Der König Amenophis machte neu »den Ruheplatz des Herrn der Götter ... (aber) die Menschen verstehen es nicht, wenn sie es sehen«.[38] Um also den Tempel verstehen zu können, bedarf es nicht nur der menschlichen, sondern der göttlichen Einsicht, der Einweihung. Wie wir schon im Pyramidenkapitel gesehen haben, hüllen sich die Geheimnisse, die da erfahren werden, in die Bilder des Sonnenlaufes. Wir werden daher erwarten können, daß die Texte, die sich auf den Sinn des Tempels beziehen, sich in diesen Bildern ausdrücken.

»Komm doch Amun-Re ... und besieh dir dein Haus, das ich dir gemacht habe auf der Westseite von Theben, dessen Vollkommenheit sich mit dem Westgebirge vereinigt; du fährst über den Himmel, um in ihm zu ruhen. Wenn du im Himmelshorizont (Achet) aufgehst, so leuchtet es golden in dein Gesicht, denn seine Vorderfront ist gegen Osten (gerichtet), wo du aufgehst. (Es ist) dein Horizont (Achet) für dein Untergehen aus dem Leben. Wenn du jeden Morgen erstrahlst, so ist deine Vollkommenheit in seinem Innern unaufhörlich.«[39]

Und Amun-Re antwortet:

»Du bist mein geliebter Sohn, aus meinen Gliedern hervorgegangen, mein Ebenbild, das ich auf die Erde gegeben habe. Ich habe dich die Erde in Frieden beherrschen lassen, ... ich nehme das, was du mir gemacht hast, entgegen.«[40]

In dieser Inschrift wird der Bezug zum Sonnenlauf ganz klar ausgesprochen. Der Tempel ist die Stelle (Achet) auf der Erde, wo sich Himmel und Erde, göttliche und irdische Welt, berühren. Dort kann der Gott während des Tages anwesend sein, weil er sich am Morgen mit dem Tempel verbunden hat und nun in seinem Innern zu finden ist. Am Abend verläßt der Gott den Tempel wieder, wenn er untergeht aus dem Leben und ins Reich des Todes, die Unterwelt, hinabsinkt. Wenn

37 Urk. IV 1668 (Monthtempel, Karnak).

38 Urk. IV 1688 (Tempel von Luxor).

39 Urk. IV 1672, (Stele aus dem Totentempel Amenophis III., in Theben) Übersetzung W. Helck.

40 Urk. IV 1676.

dieser Gedanke im Neuen Reich auch nur kurz erwähnt wird, so wird er doch bestätigt durch die ausführlichen Schilderungen in den Inschriften der Tempel der Spätzeit. So lesen wir am Naos von Edfu:[41]

»Herrlicher Flügelkäfer (Api = Chepri), er geht auf aus dem Nun, fährt über den Himmel als Harachte (= Horus der Horizonte); er hält an am Himmel ihm (dem Tempel) gegenüber, täglich, und sein Herz freut sich, weil er ihn sieht. Er vereinigt sich mit seinem Bild, an dem Ort seines Herzenswunsches, und sein Ba vereinigt sich mit seiner Statue, seine Majestät sieht die Vollkommenheit von Edfu ... Er ruht auf diesem vollkommenen Denkmal, das ihm gemacht hat der König von Ober- und Unterägypten Euergetes II.«

Um diesen Text ganz verstehen zu können, ist es notwendig, nochmals ganz kurz das ägyptische Menschenbild in Erinnerung zu rufen. Denn der Mensch und die Götter bestehen aus mehreren »Wesensgliedern«, die zusammenwirken. So hat jeder Mensch einen Leib, dessen Leben und Gestalt durch den Ka[42] erhalten wird. In diesem lebt dann der Ba, der der Träger von Empfindungen, Gefühlen und Gedanken ist. Nach dem Tode lösen sich Ka und Ba vom Leibe. Damit wird der Leib zum Leichnam, der mumifiziert werden kann, der Ka löst sich in der Lebenswelt auf (im Gefilde des Ka), der Ba steigt auf zum Himmel, reinigt sich und wird schließlich, wenn er in die Sphäre des Sonnengottes aufgenommen wird, in einen Ach verwandelt – einen Geist. Nur der Pharao, der schon zu Lebzeiten den Tod überwunden hat[43] und selbst göttlich geworden ist, hat bereits auf Erden als viertes Wesensglied den Ach. Das Wort Ach ist mit Wörtern wie »strahlen«, »glänzen«, »leuchten« verwandt, die mit einer Strahlensonne determiniert werden. Wenn man Ach also »wörtlich« übersetzen wollte, so müßte man Lichtglanz, Leuchteglanz, Sonnenstrahl o.ä. dafür setzen.

Jeden Morgen, bei seiner Geburt im Osten des Himmels, verbindet sich der Sonnengott mit seinem Leib, dem Tempel. Sein Ba »ruht« in seinem Innern und bleibt während seines ganzen Lebenslaufes bei ihm, bis zum Sonnenuntergang, seinem Tod. Das tägliche Tempelritual begleitet diesen Lebensweg. Nachts ist der Gott unsichtbar, nicht wahrnehmbar für äußere Augen. Er er-scheint nicht mehr sinnlich. In dieser

41 M. E. Chassinat, Le Temple d'Edfou Bd. IV, S. 2, Zeile 4 ff.

42 Vgl. F. Teichmann, Der Ka, in: »die Drei« Juli 1975, S. 360 f.

43 Vgl. S. 91.

Fig. 41 Der König Amenophis III. beim »Gott-Schauen«. Er steht mit Opfergaben vor Amun-Re und spricht zu ihm: »Wie schön ist dein Aufgang«. Relief im Allerheiligsten des Tempels Amenophis III. in Luxor.

Sphäre der Nacht aber spricht er zu den unterweltlichen Wesen, die seine Stimme hören.

»Die, unter denen dieser Gott ist, hören die Stimme Res,
wenn er der Umgebung dieses Gottes zuruft.«[44]

Der stumme Lichtglanz seiner Erscheinung am Tage wechselt ab mit dem unsichtbaren Hören seiner Stimme bei Nacht.
Beide Phasen der Kommunikation zwischen Gott und König sind nun im Tempel aufzufinden (Fig. 41, 42). Der sichtbaren Tagesseite entsprechend, sehen wir auf den Wandreliefs des Tempelinnern den Pharao vor Gott abgebildet, wie er ihm opfert und ihn pflegt. Er bringt ihm Opfergaben, Weihrauch, Wein, Wasser, Speisen und umsorgt

44 E. Hornung, Das Amduat, Wiesbaden 1963, 5. Stunde Einleitung.

Fig. 42 Der König Amenophis III. bringt dem Amun-Re Gewänder dar. Relief im Allerheiligsten des Tempels Amenophis III. in Luxor.

ihn, badet ihn, reinigt ihn, kleidet ihn, schmückt ihn usw. Der Gott nimmt die Gaben entgegen und gibt dem König dafür Leben, Heil, Gesundheit, das Königtum u. a. zurück. Ein Geben und Nehmen im tätigen Austausch charakterisiert diese Seite der Gottesbeziehung. Dabei entspricht der Fülle der irdischen Opfer seitens des Königs auch die Fülle der geistigen Gaben, mit denen der Gott seinen göttlichen Sohn und Ägypten beschenkt.

Aber auch die unsichtbare Seite wird gelegentlich in Bild und Schrift angedeutet (Fig. 43). Da handeln die Götter mit dem Pharao, indem sie ihn reinigen, ihn beim Sonnengott einführen, ihn als Horuskind aufziehen und nähren, ihm Weisungen erteilen usw. Da sprechen die Götter, aber dort, wo sie sprechen, ist äußerlich Nacht.

»Was den trefflichen König anlangt, der über Ägypten ist, so sind alle seine Glieder nach göttlicher Planung. Er verbringt die Nacht wachend, ohne daß er schläft, indem er treffliche Pläne sucht, um sie in Theben zu vollbringen, für seinen Vater, den König der Götter...«[45]

Daß der Pharao auch Nächte im Tempel verbrachte, geht aus vielen Anspielungen erhaltener Texte hervor.[46] Immer aber wird auf die Nacht verwiesen, wenn die Pläne der Götter erfahren werden sollen. Denn nur während der Nacht ist der Gott in der Unterwelt zu sprechen. Der König »hört« die Stimme Res, seines Vaters, dank seiner Schulung und Einweihung. Insofern diese Begegnung im Tempel stattfindet, muß dann der Tempel auch als ein Bild der Unterwelt aufgefaßt werden können. Amenophis III. spricht davon in einer Bauin-

45 E. Otto, Eine Bauinschrift Ramses III. in Luxor. ZÄS 90/1963, S. 93 f.

46 Vgl. dazu z. B. S. Schott, Die Reinigung Pharaos in einem memphitischen Tempel. NADWG 1957, Nr. 3, S. 66 und S. 83.

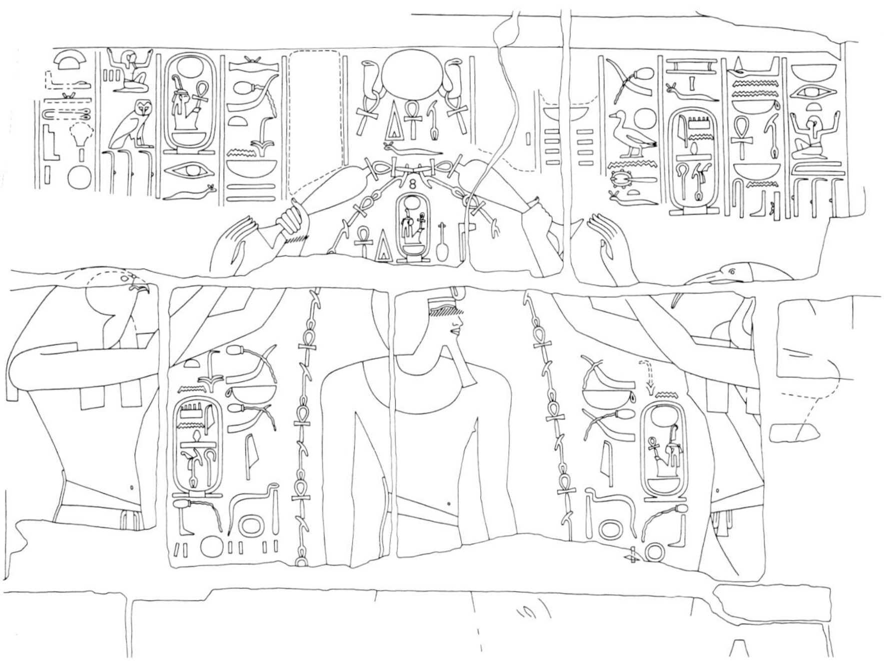

Fig. 43 Die Reinigung des Pharaos mit »Lebenswasser« durch Horus und Thot, wobei die Götter viermal sprechen: »Deine Reinheit ist meine Reinheit« und zweimal »König Amenophis ist rein!« Relief im Opferraum des Tempels Amenophis III. in Luxor.

schrift: Der König ist es, »der Denkmäler in Luxor gemacht hat seinem Erzeuger, nämlich seinen wahren Sitz, an dem er sich verjüngt«.[47] Der Teil der Welt, an dem sich der Sonnengott verjüngt, um am Morgen aufzuerstehen und als Kind wiedergeboren zu werden – sein wahrer Sitz –, liegt in der Unterwelt.

Der Pharao gelangte zur Erkenntnis der göttlichen Welt und zu seinen Fähigkeiten, die Götter zu hören und zu sprechen, durch die *Krönung*.[48] Diese fand im Neuen Reich auch im Tempel statt. Aber wir dürfen uns nicht vorstellen, daß dabei nur eine äußerliche Zeremonie vollzogen worden wäre, tatsächlich gingen Schulung und Einweihung dem »Erscheinen« des neuen Gott-Königs, des neugeborenen Horus, voraus.

Im Allerheiligsten des Amuntempels von Luxor ist eine Szene abgebildet, in welcher der König von Atum und Horus vor Amun geführt wird. Dabei sprechen sie die Worte: »Empfange deinen Sohn, der aus dir hervorgekommen ist, den du gezeugt hast im Fürstenhaus,[49] damit er das Königtum der beiden Länder ausübe. Gib ihm alles Leben und alle Wohlfahrt von dir« (Fig. 44).[49a]

Der König wird also vom Sonnengott eingesetzt und als sein Sohn anerkannt. Gezeugt worden ist dieser Gottes-Sohn im »Fürstenhaus«, wo der Gott der Mutter des Königs beiwohnte. Es ist ein Raum des Tempels.[50]

Seit dem Neuen Reich wird auch berichtet, daß sich im Fürstenhaus ein »Osirisgrab« befinde.[51] Dort läßt sich Re nieder (ḥtp) und »ruht« (ḥtp) auf ihm. »Du läßt dich nieder, Re, auf deinem Mysterium.«[52] Das Mysterium, auf dem Re ruht, ist der Leichnam des Osiris. Damit ist angespielt auf das, was der Sonnengott im Tempel vollbringt. Denn vom »Ruhen« des Gottes im Tempelinnern sprechen die Texte häufig. Assmann vermutet dieses Osirisgrab, auf den ein heliopolitanischer Hymnus hinweist, indem er vom »unterweltlichen Benbenhaus« spricht, in einer Krypta des Tempels von Heliopolis.[53]

Aber auch jeder andere Tempel umschließt eine solche Mysterienstätte. In der ägyptischen Baugeschichte wird auch dieser Gedanke einmal monumental ausgestaltet, im sogenannten Osireion des Tempels Sethos' I. in Abydos. Dort ist hinter dem Allerheiligsten des Tempels ein

47 Urk. IV 1683.

48 Vgl. S. 67.

49 Statt der landläufigen Übersetzung »Fürstenhaus« wäre sinngemäß eher an unser »Haus des Herrn« zu denken. Der Herr oder die Herren sind dabei Osiris und Re.

49a H. Brunner, die südlichen Räume des Tempels von Luxor, Mainz 1977, T. 143.

50 H. Brunner, Die Geburt des Gottkönigs, Wiesbaden 1964, S. 24 f.

51 Balsamierungsritual 28, 5/6; Edfou I, 235, 244, 361.

52 J. Assmann, Liturgische Lieder an den Sonnengott, Berlin 1969, S. 86.

53 op. cit. S. 261 n. 62, S. 311 n. 47.

Fig. 44 Horus und Atum führen den König in den Tempel des Amun ein, wobei ihm Atum das Leben(zeichen) an die Nase gibt, als Lebensodem. Relief im Allerheiligsten des Tempels Amenophis III. in Luxor.

solches Osirisgrab unterirdisch angelegt worden. Nach außen fast nicht in Erscheinung tretend, umschließt es eine von Wasser, dem Nun, umflossene Insel, auf der der Leichnam des Osiris ruht (Abb. 55). Damit haben wir wieder ein Bild des Urhügels vor uns, auf den sich der Sonnengott niederläßt, sich mit dem Irdischen, dem abgestorbenen Göttlichen (dem Leichnam des Osiris) einend. Dadurch wird die Auferstehung eingeleitet, denn dieser tote Osiris befruchtet die Isis, die Mutter des Königs und zeugt mit ihr den Horus.

Wenn wir nun versuchen zusammenzufassen, was wir an Aussagen

Abb. 55 Blick in den unterirdisch gelegenen Raum hinter dem Tempel Sethos I. in Abydos. Unter dem Wasserspiegel, der mit der Nilhöhe schwankt, liegt das Grab des Osiris auf einer Insel. Zeit Sethos I., 19. Dynastie, um 1300 v. Chr.

über die Tempel finden konnten, so müssen wir beachten, daß der Tempel von zwei Seiten aus betrachtet werden kann. Vom Himmel aus angeschaut, kann der Gott in ihm Wohnung nehmen, dem der tägliche Tempeldienst gilt. Er kann an den großen Festen aus seinem Innern herausziehen, um auf Erden zu erscheinen, er kann aber auch im Tempel verborgen sein, ruhen. – Im Tempel, und das ist der Blick von der Erde aus, vollzieht der König den täglichen Dienst, in ihm erfährt er die Pläne der Götter, in ihm läßt er die Maat aufsteigen und bringt sie dem Gotte dar. Dazu muß er selbst gottähnlich geworden sein, muß als Gott mit Göttern sprechen und handeln können. Um dieses Göttliche in sich erwecken zu können, bedarf er aber langer Schulung und

Abb. 56 Die Strahlen der von der Himmelsgöttin neugeborenen Morgensonne fallen auf den Hathortempel von Dendera, der in der Form der Hieroglyphe für Achet dargestellt ist. Der Tempel ist damit als der Ort charakterisiert, an dem die irdische und die himmlische Welt miteinander verbunden sind. Aus dem Hathortempel von Dendera, Römerzeit, 1. Jh. n. Chr.

schließlicher Einweihung (Krönung). Er muß sich gereinigt und den Tod überwunden haben, er muß selber in die Unterwelt hinabgestiegen sein, muß den Nun durchfahren haben, muß als Horus auferstanden sein:

»Pharao ist Horus im Nun,
der Tod hat keine Macht über ihn.«[54]

Auch das geschieht alles im Tempel: »Er (der Gott) verbrachte eine Ewigkeit beim Ruhen in seinem (des Tempels) Innern, indem sein Sohn, ... in seiner Begleitung war.«[55]
Der Tempel ist also nicht nur die Stelle auf Erden, an der ein Gott sich

54 S. Schott, Die Reinigung Pharaos in einem memphitischen Tempel. NADWG 1957, S. 55.

55 Urk. IV. 1678.

mit einem irdischen Leib umgeben, sich jeden Morgen inkarnieren kann, den er dann jeden Abend bei seinem Tod wieder verläßt, sondern auch die Stelle, an der der König in den himmlischen Bereich eintreten, zu den Göttern aufsteigen kann. Im Tempel ist die Berührung zwischen Himmel und Erde möglich, er ist die »Achet des Himmels«,[56] die Einstiegsstelle zu Gott. Durch sie kann der Pharao in den Himmel gelangen, kann ein Ach, ein Geist werden. Der Pharao hat damit als Lebender schon den Tod überwunden, (»der Tod hat keine Macht mehr über ihn«), ist selbst auf Erden ein Geist geworden (Abb. 56).
Aus dem Dargestellten ergibt sich nun, daß der ägyptische Tempel im Bilde die *Funktion des physischen Leibes des Menschen* vor uns hinstellt. Denn inkarniert sich denn nicht der Ba des Menschen jeden Morgen im Leibe, tritt nicht das Seelenleben des Menschen – Empfindungen, Gefühle, Gedanken – nur während des Tages auf und entschwindet des Nachts, wie auch nach dem Tode? Und ist denn nicht der Leib des Menschen die Stelle in der Welt, an welcher der Geist dem irdischen Stoff begegnet und ihm seine Pläne vermittelt? Kann denn der Mensch nicht Ewiges in seine Seele, seine Innenwelt aufnehmen, sie dadurch reinigen und sich würdig machen, selbst ein geistiger Mensch zu werden?
Schauen wir uns den ägyptischen Tempel unter diesem Gesichtspunkt an, so werden viele Aspekte erst verständlich, die sonst nur als Kuriosa am Rande bleiben.

56 So wird der Tempel in einer Fülle von Inschriften bezeichnet.

## Der Tempel als Bild des menschlichen Leibes

*Ich bin der Tempel Gotts und meines Herzens Schrein*
*Ist's Allerheiligste, wann er ist leer und rein.*[57]

Die Welt ist nicht aus dem Nichts entstanden. Denn bevor noch die Erde und alle Dinge auf ihr geworden waren, existierte ein lebendiger Urgrund, ein Urozean, der den Rohstoff der Welt enthielt. Ein Chaos, das noch keine Ordnung kannte, das der Formen der Dinge, die ihm vom Schöpfer eingeprägt werden sollten, noch harrte. Dieser nährende und lebenschaffende Urozean ist der »Nun«. Er durchdringt noch immer die bestehende Erde, umgibt die Länder als Meer, erscheint im Grundwasser und als Nil mit seiner Überschwemmung und fällt als Regen vom Himmel. In ihm urständen alle Lebewesen, denn er ist das lebenspendende Element, aus dem sie alle ihre Kräfte ziehen. Auch der Tempel muß, damit er leben kann, im Nun gegründet sein, angeschlossen sein an das Lebenselement des Wassers. Dazu ist notwendig, daß seine Fundamente an einer Stelle bis zum Nun, zum Grundwasser hinabreichen. Dies wird bei der Tempelgründung sorgfältig beachtet, indem es einen Ritus, »das Graben des Wasserloches bis zum Wasser, um den Tempel trefflich zu machen«,[58] gibt. Auch der heilige See oder der heilige Brunnen, der zum Tempel gehört, ist ein Realsymbol des Nun. Liegt der Tempel am Rande der Wüste, wie z. B. in Abydos, so muß das Wasser durch unterirdisch gegrabene Wasserstollen zum Tempel geleitet werden, »denn Hapj (der Nilgott) sendet das Wasser bis zum Tempel, damit der Nun kommt zu seiner Zeit«.[59]

Das Auftauchen der festen Erde aus dem Nun ist beim Tempel auch noch symbolisch dargestellt. Denn die äußere Umfassungsmauer wird aus luftgetrockneten Lehmziegeln so aufgemauert, daß die Mauerfugen lange Wellen darstellen (Abb. 57, Fig. 45). Damit entsteht der Eindruck, als ob sich der eigentliche Tempel aus Stein wie der Urhügel aus dem Nun erhebt.[60] Auch das Material der Mauer ist dieser Bedeutung gemäß gewählt worden, denn der Nilschlamm stammt ja direkt aus dem Nun und wird dann auch so verwendet, daß er jederzeit wieder in den Lebensprozeß zurückkehren, vom Nun wieder aufgenommen werden kann: Nur ein vorübergehendes Trocknen durch die Sonne findet statt, kein Brennen durch Feuer zu Stein.

Der Bauplan des Tempels, das berichten verschiedene Mythen, besteht seit der Urzeit der Erde und ist mit dieser zusammen geschaffen wor-

57 Angelus Silesius, aus dem Cherubinischen Wandersmann.

58 Aus A. Badawy, in ASAE 54/1957, S. 51 ff.

59 Urk. IV 835, Z. 9.

60 Vgl. P. Barguet, Le Temple d'Amon-Rê à Karnak, Kairo 1962, S. 31 f.

Abb. 57 Blick auf die Nordmauer der in Wellen gemauerten äußeren Umfassungsmauer des Reichstempels in Theben.

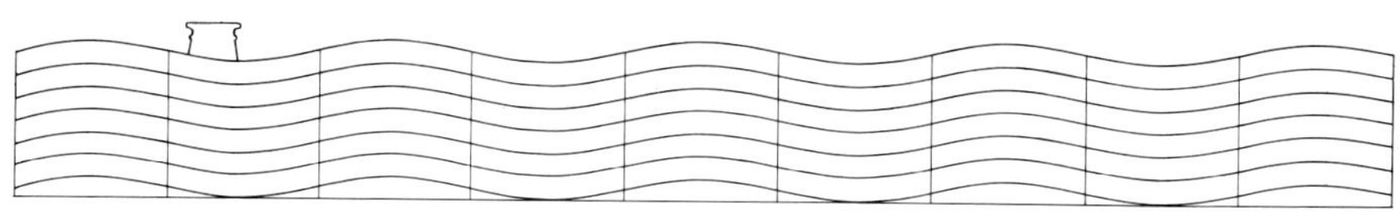

Fig. 45 Schematische Außenansicht der den Nun darstellenden Ziegelmauern, die die Tempelanlage vollständig umschließen.

den.[61] Durch verschiedene Phasen hindurch hat sich dieser Bau jedoch gewandelt,[62] hat Zwischenzeiten durchgemacht, in denen er wieder in den Nun hinabtauchte, wurde immer wieder von neuem gemacht, bis er schließlich im zuletzt erschienenen Tempel vor uns steht, der aber gegenüber seinem Vorgängerbau vollkommener geworden ist. Dieser Gedanke wird immer wieder hervorgehoben und lautet z. B. so: »...

61 Vgl. dazu die weitere Ausführung im Anhang, S. 191.

62 Eine ausführliche Darstellung dieser Metamorphosen gibt E. A. E. Reymond in: The Mythical Origin of the Egyptian Temple, Manchester 1969.

indem ich ihm (dem Gott) Denkmäler machte von neuem, die der früheren Könige übertreffend«.[63] Den Tempel von neuem zu erbauen, war die Aufgabe des Königs. Dabei hat er immer die volle Verantwortung für den Bau. Es ist sein Tempel. Er ist es, der den Plan bestimmt, und er ist es, der die Bauarbeiten leitet, die Handwerker anweist und ihnen befiehlt. ... »indem ich alle Arbeiten in seinem (des Gottes) Tempel leitete«,[64] ist die fast stereotype Wendung, die in allen Bauurkunden auftaucht. Aber wir dürfen uns dies wieder nicht nur als abstrakte Behauptung vorstellen, denn der Pharao hat sicherlich an der Verwirklichung seiner Bauvorhaben tatkräftig mitgearbeitet. Welche Möglichkeiten der Bestimmung und Einflußnahme der Pharao tatsächlich hatte, zeigt uns das Beispiel Echnatons. Er änderte alle alten Pläne und gab durch seine »Lehre« ganz neue Anregungen, mehr als alle ägyptischen Könige vor und nach ihm. Und sie wurden ausgeführt!

Jeder Pharao baute nun auch einen eigenen Tempel nur für sich. Es ist sein sogenannter Totentempel, der Amun-Re geweiht wird und in dem der Totenkult für ihn stattfindet. Seit dem Neuen Reich ist ja das Grab vollständig von der Verehrungsstelle für den Totenkult getrennt. Durch diese Trennung wird bewirkt, daß die verschiedenen Bauwerke den Sinn, den sie innerlich erfüllen, auch nach außen darstellen. So wird das Grab tief in den Berg hineingehauen und nach der Beisetzung seines Besitzers vollständig verschlossen. Außen erscheint überhaupt kein Bauteil mehr, einzig der Eingang zur Unterwelt ist noch zu erkennen. Dies entspricht auch ganz dem nachtodlichen Bereich, in dem der Verstorbene jetzt weilt und der keinerlei Außenseite hat. Die Götter der Unterwelt er-scheinen nicht. Dagegen findet im Totentempel auch noch eine gewisse Zeit nach dem Tode des Erbauers ein Kult statt, der sich dann an die Verehrung des täglich wiedererscheinenden Sonnengottes anschließt.

Auch im Alten Reich schon erbaute jeder Pharao *seine* Pyramide und ab der 5. Dynastie auch *sein* Sonnenheiligtum. So kamen in Memphis Pyramide neben Pyramide, Sonnenheiligtum neben Sonnenheiligtum und in Theben Totentempel neben Totentempel zu stehen. Sehen wir noch ein, daß jeder König seinen eigenen Grabbau haben mußte, so ist

63 Urk. IV, 169 ähnlich auch Urk. IV 1648, 1670, 1683, 1704, de Wit CdE 72/1961, S. 78.

64 Urk. IV, 166, 1682, 1697, 1726, 1729.

uns die Häufung von Sonnenheiligtümern oder Totentempeln oft kolossalen Ausmaßes nur dann schwer verständlich, wenn wir nicht daran denken, daß jeder Pharao eben seinen eigenen Tempel braucht, wie jedes Individuum seinen eigenen Leib braucht. Aus diesem Grunde kann auch nie ein Tempel eines Vorgängers ohne Umbau für eigene Dienste benutzt werden.

Nach einer gewissen Zeit nach dem Tode erlosch der Totenkult für den Erbauer, die Tempel standen dann leer, verfielen und dienten nur noch als Steinbrüche für nachfolgende Pharaonen. Diese benutzten eifrig das ihnen zur Verfügung stehende Material. Die Steine der Tempel der Vorfahren wurden in den eigenen Tempel eingebaut. Dabei wurden die Bauten bedeutender Könige, an deren Taten der Nachfolger anzuknüpfen wünschte, bevorzugt verwendet. Auf diese Weise sind gerade die Totentempel Thutmosis III. und Amenophis III., aber auch manche Bauten aus dem Mittleren Reich, bis auf geringe Reste, verschwunden. Ihre Steine sind in die Wände der nachfolgenden Tempelanlagen eingebaut worden.[65] Dies ist nicht als Pietätlosigkeit oder als bequeme Steinbeschaffungsmethode aufzufassen, sondern als Bild zu verstehen einer auch äußerlich dokumentierten Vererbungsströmung, aus der der Pharao stammte und die er für sich als maßgebend erlebte. Die Elemente (Blöcke) und Anlagen (im doppelten Sinne des Wortes) der Ahnen sind so im eigenen Leibe wirksam.

Der fertig gebaute Tempel wurde nun vor dem »Übergeben des Hauses an seinen Herrn«, der eigentlichen Tempelweihe, mit dem Mundöffnungs-Ritual »ins Leben gebracht«.[66] Dieser Ritus ist derselbe, der möglicherweise auch beim neugeborenen Kinde ausgeführt worden ist.[67] Der Tempel wird also wie ein lebendiges Wesen behandelt. Das zeigt sich unter anderem auch darin, daß jeder Tempel einen eigenen Namen erhält. Dieser Name hat eine eigene Bedeutung und ist weder identisch mit dem Namen des Gottes, dem er geweiht ist, noch dem des Pharao, der ihn gebaut hat (wie es etwa bei christlichen Kirchen der Fall ist, die den Namen des Heiligen tragen, dem sie geweiht sind).[68]

Ist das Kind ins Leben getreten, so wird es gewogen. Auch das ist beim ägyptischen Tempel der Fall. Da wird das Gewicht aller edleren Materialien angegeben, die zu seinem Bau und seiner Ausstattung verwen-

65 Vgl. dazu A. Varille, Quelques Caractéristiques du Temple Pharaonique, Kairo 1946.
Für Karnak jetzt ausführlich dokumentiert in G. Björkman, Kings at Karnak, Uppsala 1971. Derselbe Brauch ist auch schon für das Mittlere Reich nachweisbar. In der Pyramide Amenemhets I. bei Lischt sind z. B. eine Menge Blöcke der Pyramidenanlagen des Alten Reiches verbaut. Vgl. H. Ricke, Bemerkungen zur ägyptischen Baukunst II, Kairo 1950.

66 Vgl. Blackman-Fairman, JEA 32, S. 75 ff.

67 Vgl. E. Otto, Das ägyptische Mundöffnungsritual, Wiesbaden 1960, S. 32.

68 Beispiele: »Geheim an Stätten« (= ipt swt); »Sitz des Herzens des Amun« (= st-ib-imn); »Das südliche Geheime« (= ipt rsjt); »Erschienen in Wahrheit« (= ḫʿ-m-maat);

det worden sind.[69] Auf diese Tatsache soll besonders aufmerksam gemacht werden, weil sie sehr ungewöhnlich ist. Das Wiegen der Materialien kennen wir sonst von keinem Tempel- oder Kirchenbau der Menschheitsgeschichte. Es erhält seinen Sinn nur dann, wenn die hier vertretene Idee angenommen wird, daß der ägyptische Tempel den physischen Leib des Menschen repräsentiert – und der hat ja Gewicht.

Ehe dieses Wesen ins sichtbare Dasein tritt, wird seine Gestalt im Dunkel des Mutterleibes geschaffen. Und wie der Sonnengott untergeht aus dem Leben am Abend, stirbt und dadurch Isis befruchtet, so verläßt auch der König am Abend seinen Palast und vollzieht im ersten Dunkel der Nacht die Zeugung, die Gründung des Tempels.[70] Mit dem Blick auf den Lauf der Gestirne und gemäß ihrer Stellung am Himmel wird der Grundriß des Tempels abgesteckt. Die Eckpfosten werden eingeschlagen, und eine Schnur wird zwischen ihnen gespannt. Dann hackt der König den Boden der Fundamente auf, gräbt ein Loch bis zum Nun, versetzt die ersten Ziegel an den Ecken des künftigen Bauwerks, schüttet Sand auf den Boden der Fundamente, spendet kostbare Gründungsbeigaben und beginnt mit dem steinernen Bau. Im Gründungsritual wird die weitere Errichtung des Tempels übergangen, indem dann gleich die Abschlußszenen folgen, wenn der fertige Tempel nach einer Reinigung seinem Herrn bei Sonnenaufgang übergeben und damit geboren wird.[71]

Bei dieser Tempelgründungs-Zeremonie wird also zuerst die Form abgesteckt, die mit der Sternenwelt in Übereinstimmung sein muß. Dann wird der Anschluß an den Nun hergestellt, die Form mit Kräften und Wünschen (Beigaben) ausgestattet und schließlich mit Materie ausgefüllt. Diese Abfolge scheint mir ein Hinweis auf die Bildung des Menschen, der ja hier geboren werden soll, zu enthalten. Denn zum Himmel gehört der Ba, im Nun urständet der Ka, der dann der Bildner des menschlichen Leibes ist und sein Leben erhält.

Die leibliche Gestalt, die nun ins Leben getreten ist, war ja, wie schon im Pyramidenkapitel gezeigt worden ist,[72] für den Ägypter ein Abbild des Kosmos. Denn so wie es im Kosmos nur eine Symmetrieebene gibt, zu der Osten und Westen symmetrisch liegen, so gibt es auch bei

69 Beispiel S. 113, auch Urk. IV. 1668, 1729, 1731.

70 Ausführlich dargestellt von P. Montet, Le Rituel de Fondation des Temples égyptiens in Kêmi XVII/1964, S. 74 ff.

71 Vgl. auch P. Barguet, Le Rituel Archaïque de Fondation des Temples, RdE 9/1952, S. 1 ff.

72 S. 97.

der menschlichen Gestalt nur eine Symmetrieebene, zu der links und rechts symmetrisch liegen. Und wie der Kosmos in drei Dimensionen gegliedert ist, die untereinander qualitativ verschieden erlebt werden, so ist auch die menschliche Gestalt in die drei Dimensionen verschieden eingegliedert. Ihre qualitative Differenzierung kommt z. B. in den unterschiedlichen Ausdehnungen in diesen Richtungen zum Ausdruck. Am längsten ist sie zwischen oben und unten, am kürzesten zwischen vorn und hinten. Durch festbestimmte Proportionen sind diese drei Dimensionen aufeinander bezogen. Die Länge verhält sich zur Breite[73] (am größten an der Schulter) wie 3 : 1, die Breite zur Tiefe (am größten am Gesäß) wie 2 : 1. Länge zu Breite zu Tiefe verhalten sich also wie 6 : 2 : 1. In diese ewigen Gesetze müssen alle Bauten, Statuen und malerischen Darstellungen der menschlichen Gestalt[74] eingebunden sein, wenn sie etwas von diesen heiligen Beziehungen offenbaren sollen. Auch bei den Tempeln finden sich dieselben Proportionen. Die Höhe des Pylons entspricht der Tiefe 1, die Breite des Tempels der Breite 2 und die Länge des Tempels der Länge 6.[75]

Im Tempel wohnt und lebt der Gott. Und das Verhältnis dieses Gottes zu seinem Leib ist genau dasselbe wie das des Pharaos zu seinem Körper. Auch in diesem wohnt ja ein Gotteswesen. Somit kann sich der Pharao auch berechtigt als ein Gott darstellen lassen (Abb. 58). Beide Götter sind aber verwandt, oder anders ausgedrückt: Das, was im Pharao als Gott erlebt wird, das ist gleichzeitig auch der Gott, dessen Wesen in der Welt lebt und dem der Tempel geweiht ist.[76] Daraus wird nun auch verständlich, daß nur der König in seinem Tempel den Kult ausüben kann. Alle diese Handlungen werden durch ein Merkzeichen, z. B. durch ein flaches Wandrelief, in den Tempel eingeprägt. Um gesehen und gelesen zu werden, geschah dies sicher nicht, dazu waren ja die inneren Räume viel zu dunkel. Aber vorhanden sein mußten sie, so wie das Gedächtnis des Menschen wie durch Zeichen im Leib des Menschen eingeprägt ist: »Gewiß ist, daß die Seele den Vorgang, durch welchen etwas Erinnerung wird, dem Leibe wie durch ein Zeichen einprägt; doch muß eben die Seele diese Einprägung machen und dann ihre eigene Einprägung wahrnehmen, wie sie etwas Äußeres wahrnimmt.«[77]

73 Ausführlich dokumentiert bei E. Iversen, Canon and Proportions in Egyptian Art. Warminster 1975.

74 Das ist der tiefere Grund für die ägyptische Darstellungsweise in Malerei und Relief, die den oberen Teil des Rumpfes von vorne zeigt (= die Breite des Menschen), den unteren Teil des Rumpfes aber von der Seite (= die Tiefe des Menschen).

75 Z. B. bei den Tempeln von Medinet Habu und Edfu noch schön nachzumessen. Aber auch für das Ramesseum, den Tempel Sethos I. in Qurna, den Tempel Sethos I. in Abydos, den Tempel Ramses II. in Abydos in den Grundrißproportionen stimmend.

76 Ramses II. läßt sich sogar selbst als Gott im Allerheiligsten des Tempels mitverehren (z. B. in Abu Simbel).

77 R. Steiner, Theosophie, Stuttgart 1955, S. 65.

Abb. 58 Tutanchamun als Amun im Annalensaal Thutmosis III. im Reichstempel von Theben.

So kann im Tempel, in den sogenannten Annalen, auch alles das aufgezeichnet sein, was der König während seines Lebens erfahren hat. Dabei reicht die Erfahrung, das eigene Gedächtnis, nicht über den eigenen Lebenslauf hinaus! Eine »Geschichte Ägyptens« suchen wir daher vergeblich in den Aufzeichnungen ägyptischer Tempel.[78]

Die hier gegebene Deutung des ägyptischen Tempels deckt sich mit der christlichen Auffassung vom Tempel, so wie sie uns in den Evangelien überliefert ist. Wir brauchen nur an die Szene der Tempelreinigung zu denken, als Christus, um ein Zeichen gebeten, zu den Juden spricht: »›Brechet diesen Tempel ab und in drei Tagen will ich ihn aufrichten.‹ Da sprachen die Juden: ›Dieser Tempel ist in 46 Jahren erbaut; und du willst ihn in drei Tagen aufrichten?‹ Er aber redete von dem Tempel seines Leibes.«[79] Auch Paulus knüpft im ersten Korintherbrief wieder an diese Vorstellung an:

»Wisset ihr nicht, daß euer Leib ein Tempel des heiligen Geistes ist, der in euch ist?«[80]

Der *Leib als Tempel des Geistes,* das ist die Vorstellung, die im ägyptischen Tempel ihre monumentale Ausgestaltung erfahren hat. Das wird uns erst dann ganz deutlich, wenn wir die Argumente, die zu diesem Ergebnis geführt haben, nochmals kurz zusammenfassen:

Jeden Morgen vereint sich der Ba des Sonnengottes mit seinem Tempel und bleibt mit ihm, während seiner ganzen »Lebenszeit« bis zum Abend verbunden, so wie der Ba des Menschen während seines ganzen Lebens mit seinem Leib verbunden bleibt. Dieser Leib ist unauswechselbar. Jeder Pharao muß sich seinen eigenen Tempel, »von neuem« errichten. Der Bauplan jedoch, nach dem dies Werk geschaffen wird, ist uralt und in der Abfolge seiner Räume genau festgelegt. In allen Phasen des Bauens, von der Gründung des Tempels bis zu seiner Fertigstellung, ist der Pharao selbst der Leiter dieser Arbeiten. Er gründet den Bau in der Sphäre der Nacht, unsichtbar von außen, steckt zuerst seine Form ab, schließt ihn an das das Leben tragende Urgewässer, den Nun, an und füllt ihn mit Stoff aus. In ihn baut er diejenigen Elemente ein, die ihm für sein Leben wesentlich erscheinen und die er von den »Leibern«, den Tempeln seiner Vorfahren übernimmt, die er »vererbt« bekommt. Ist der Tempel fertig, wird er geboren und tritt ins Licht des

78 Die einzige Ausnahme hiervon könnte in der sogenannten Königsliste von Abydos gesehen werden, welche die Abfolge der Namen der Könige bringt, die als Vorfahren Sethos I. angesehen wurden.

79 Joh. 2, 19–21.

80 1. Korinther 6, 19.

Tages. Er wird dann wie ein Neugeborenes behandelt: An ihm wird die Mundöffnung vollzogen, er wird gewogen, und er erhält einen eigenen Namen. Er hat die gleiche Symmetrie und zeigt auch dieselben Proportionen wie die menschliche Gestalt. Er wird bewohnt vom Sonnengott, dem Pharao, der als einziger den Kult in *seinem* Tempel ausführen kann, d.h. Zugang hat bis zum Allerinnersten – zum Allerheiligsten. Und was der Pharao im Lauf *seines* Lebens erlebt, wird eingeprägt in seinen Leib, in seinen Tempel und ist aus den Bildern und Texten der Wände wieder zu entziffern.

Wenn uns auch heute die Größe und Masse der ägyptischen Tempel zum Staunen bringt, so müssen wir uns doch im klaren sein, daß wir in dem, was wir heute vorfinden, nur noch tote Hüllen vor uns haben. Der Geist, der sie einstmals schuf, ist in andere Welten gezogen. Alles Leben ist aus ihnen entwichen, und kein Mensch ist mehr da, der sie pflegen, erhalten und ihre Götter verehren würde. Nur noch die kahlen Skelette, gelegentlich vom vertrockneten Fleisch der Nilschlammziegelanlagen umgeben, überdauerten die Jahrhunderte.[81]

Und wie bei einem zerfallenden Leichnam der Stoff wieder in den Naturprozeß eingegliedert wird, so geschah es auch mit den ägyptischen Tempeln. Die einst umfangreichen Ziegelbauten wurden wieder zu fruchtbarem Ackerland, die steinernen Knochen der Wände verwitterten und lösten sich allmählich auf. Was erhalten blieb, läßt gerade noch die Großartigkeit des geistigen Lebens erahnen, das einstmals die Materie gestaltend ergriff und sich einen Leib schuf.

81 Vgl. E. Otto, Osiris und Amun, München 1966, S. 96.

## Der Tempel als Bild des Kosmos

Abb. 59 Der heilige See des Hathortempels in Dendera. Im Hintergrund die Reste der wellenförmig gemauerten Umfassungsmauer.

Da der Ägypter, wie wir schon gesehen haben,[82] seinen Leib als Bild der ganzen Welt erlebte, ist es nun nicht erstaunlich, daß er auch im Tempel ein Bild des Kosmos sah. Dies zeigte sich schon darin, daß die ganze Tempelanlage auch äußerlich als möglichst vollständiges Modell der bekannten Welt gestaltet war. »Ihre (der Pylone) Vollkommenheit vereinigt sich mit der Höhe des Himmels... Ein Teich ist vor ihm wie das Meer, ohne daß man beim Betrachten seinen Umfang erkennt, klar wie die Farbe des Lapislazuli. Seine Mitte ist Papyrus und Schilf und Blumen der Wasserrosen, im Überfluß täglich. Ein Vogelschwarm kommt herab zum Sich-Ergehen; umgeben von Bäumen, die sich dem Himmel vereinen...«[83] Ein Garten mit Blumen und Bäumen, ein See mit Fischen, Vögel, die See und Garten besuchen, gehören also neben dem eigentlichen Tempelbau zum Tempel als Ganzheit. Außerdem ist die Fülle der Menschen und Herden, die vom Tempel aus verwaltet werden, dazuzudenken. Die Tempelanlage ist wirklich ein kleiner Kosmos für sich, der alle Reiche der Natur umfaßt (Abb. 59).

Abb. 60 Das kleine Re-Heiligtum mit offenem Hof im Totentempel Ramses III. in Medinet Habu. Auf dem Architrav der Sonnengott in der Morgenbarke, vom Pharao begrüßt. 20. Dynastie, um 1170 v. Chr.

Aber auch der Tempel selbst stellt ein Bild des Kosmos dar.[84] So repräsentieren seine Wände das Ost- und Westgebirge, seine Umfassungsmauer den Nun, sein Boden die Erde, aus der die Pflanzen (Säulen) wachsen, das Dach, dessen Decke sternenübersät ist, den Himmel. Entlang des Achsenweges des Tempels verläuft die Sonnenbahn, vom Pylon, der Achet bis zum Allerheiligsten. Geflügelte Sonnenscheiben, Horusfalken und Nechbetgeier schmücken daher die Decke über diesem Weg. Ein Höhlenheiligtum mit flachem Gewölbe, das später gern unterirdisch, als Krypta angelegt wird, symbolisiert die Unterwelt; das offene Re-Heiligtum (später oft auf dem Dach errichtet) das ganze »erscheinende« Universum (Abb. 60).

82 Vgl. S. 98.

83 Aus M. Hirmer u. E. Otto, Ägypten, München 1967[4].

84 H. H. Nelson, The Egyptian Temple, in »The Biblical Archaeologist« VII (= 1944) S. 44 f.

Abb. 61 Treppe für Prozessionen auf das Dach des Totentempels Ramses III. in Medinet Habu. Auf der Wand Fruchtbarkeitsgötter. 20. Dynastie, um 1170 v. Chr.

In diesem Kosmos leben und handeln Götter und Menschen. Auch das wird festgehalten. Das mehr äußerliche Handeln in Kriegszügen, Siegen und Jagden erscheint an den Außenwänden. Innen dagegen bilden die Reliefs die Handlungen ab, die sich mehr innerlich im Leben zwischen Göttern und Menschen abspielen. Da finden wir die Bilder der großen Feste, wenn die Götter hinausziehen ins Land, Leben und Segen spenden und dafür von den Menschen getragen, gelobt und verehrt werden. Weiter innen steht der Pharao den Göttern als einzelner gegenüber, dient ihnen, opfert ihnen und empfängt dafür die Geistesgaben, die für das Gedeihen Ägyptens notwendig sind.
Ein großer, genau geordneter und gegliederter Zusammenklang be-

stimmt dieses Universum. In ihm hat jedes Wesen seinen Platz, sowohl was den Rang der Menschen, als auch was die Hierarchie der Götter betrifft. Zuunterst finden wir z.B. in einem schmalen Register die Fruchtbarkeits- und Nilgötter, die Leben und Gedeihen bringen. Sie bilden gleichsam den Untergrund, auf dem sich erst das Leben der höheren Wesen entfaltet. Zu diesen gehören vor allem die mit Namen benannten Götter und auch der König (Abb. 61, 62, 63). Er »kennt« sie alle, und weil er sie kennt, ihnen im Tempel begegnet, so kann er sich in seiner Beziehung zu ihnen auch darstellen lassen. Szenen ohne eine solche Beziehung zwischen König und Gott gibt es im Tempel nicht! Nur durch die Person des Pharaos wird die Welt der Götter den Men-

Abb. 62 Gaugötter aus dem untersten Register des Tempels Ramses II. in Abydos, die Leben und Opfergaben (Wasser, Brot und Früchte) bringen. 19. Dynastie, um 1280 v. Chr.

Abb. 63 Gaugötter aus dem untersten Register des Tempels Sethos I. in Abydos, die Leben, Gedeihen und Fruchtbarkeit spenden. Dies kommt in der Fülle der Opfergaben zum Ausdruck, die sie darbringen. 19. Dynastie, um 1300 v. Chr.

schen auf Erden bekannt, und nur durch seine Vermittlung können die Götter in dieser Welt handeln. Das wird nochmals zum Ausdruck gebracht in einem Schmuckfries oder einem Schriftband mit den Namen des Königs, das alle Szenen, alle Register umschließt.

Der Weg, den die Entwicklung des menschlichen Bewußtseins zwischen Pyramidenzeit und Spätzeit durchgemacht hat, zeigt sich exemplarisch in einem aus Philae stammenden Mythos. Er schließt die Begriffe von Pyramide und Tempel ein und deutet damit das, was sich verändert hat, durch einen Bezug auf die Bauten. In ihm wird berichtet, daß die Götter den Ba des Osiris aus dem Benbenhaus von Heliopolis zum Grab des Osiris, dem Abaton bei Philae, gebracht hätten:

»O ihr Götter, lebendige
kommt und bringt den Ba des Osiris
vereinigt seinen Leib mit ihm;
es freut sich sein Herz, wenn ihm sein Ba zu seinem Leibe kommt,
es umarmt sein Leib seinen Ba,
es bringen ihn ihm die Götter aus dem Benbenhaus in Heliopolis...«[85]

Benben war der Name für die Pyramide bzw. für das Pyramidion. Es wird also erzählt, daß die Seele sich im »Haus der Pyramide« im Tempel von Heliopolis aufgehalten habe, denn von dorther soll sie gebracht werden. Wenn sie sich jetzt mit dem Grab des Osiris, mit seinem Leib vereinigen soll (im Abaton von Philae), so muß man bedenken, daß dieses Grab zum Tempel gehört und entweder ein Bauteil hinter dem Tempel (wie in Abydos und vielleicht in Philae) oder in ihm ist (wie in Dendera). Und wie sich im Alten Reich der Ba des Königs mit der *Pyramide* als seinem Leib[86] vereinigen sollte, so soll sich seit dem Neuen Reich der Ba mit dem *Tempel* als seinem Leib vereinigen.[87] Was also im Alten Reich noch von außen sichtbar war und wahrgenommen werden konnte im tagtäglichen Aufleuchten der Pyramide, das zerfällt jetzt im Neuen Reich in zwei voneinander geschiedene Bereiche: in die undurchdringliche, lehmfarbene, ganz irdische Außenseite und in die von außen nicht wahrnehmbare, himmlische, farbige Innenseite des Tempels (Abb. 42). Damit ist die Trennung von Welt und Mensch, die Trennung von außen und innen vollzogen. Die äußere Welt wird götterleer – aber im Innern des Tempels, des Leibes, beginnt ein neuer Himmel aufzuleuchten.

85 H. Junker, Das Götterdekret über das Abaton, Wien 1913, S. 62.

86 Vgl. S. 98.

87 Vgl. S. 162.

# ANHANG

## Die ägyptische Pyramide als Bild für die Empfindungsseele

DIE KULTUR ÄGYPTENS hatte die Aufgabe, die Menschen so weit zu bringen, daß sie wach wurden für die irdische Welt. Dasjenige Seelenglied, das in uns die sinnliche Welt bemerkt, indem es mit einer Empfindung auf einen Reiz der Außenwelt antwortet, nennt Rudolf Steiner die »Empfindungsseele«. Ägyptisch gesprochen wäre das der Ba, der tagsüber im Leibe anwesend ist und ihm die Empfindungen ermöglicht, sich aber nachts außerhalb des Körpers befindet. Während des Tages antwortet er auf jeden Eindruck. Dies ist im wörtlichen Sinne zu verstehen. Auch wir sprechen still zu uns selbst, ohne daß wir es aber bemerken, wenn wir uns die Eindrücke der Außenwelt bewußt machen wollen. Wir sind also deswegen wach, weil wir dauernd die konkreten Situationen um uns herum benennen. »Man stelle sich einen Menschen vor, wie er von allen Seiten Eindrücke empfängt. Man muß sich ihn zugleich nach allen Richtungen hin, woher er diese Eindrücke empfängt, als Quell der bezeichneten Tätigkeit denken. Nach allen Seiten hin antworten die Empfindungen auf die Eindrücke. ... Die Empfindungsseele hängt in bezug auf ihre Wirkung vom Ätherleib ab. Denn aus ihm holt sie ja das hervor, was sie als Empfindung *aufglänzen* lassen soll. Und da der Ätherleib das Leben innerhalb des physischen Leibes ist, so ist die Empfindungsseele auch von diesem mittelbar abhängig. Nur bei richtig lebendem, wohlgebautem Auge sind entsprechende Farbempfindungen möglich. Dadurch wirkt die Leiblichkeit auf die Empfindungsseele.«[1]

Gibt es ein schöneres Bild für diese Tätigkeit als die Pyramide? Denn diese wird ja vom Ka – dem Ätherleib – umfaßt gedacht (vgl. S. 99). Auch sie *glänzt* jeden Morgen *auf,* wenn sich der Ba des Sonnengottes auf ihr niederläßt und dort den Tag über anwesend bleibt, wie der Ba des Menschen im Leibe.[2] Und auch sie versinkt wieder ins Dunkel, wenn der Ba zu den Sternen aufsteigt. Auch sie steht genau so im Zentrum eines Lichtraumes, den sie wie auszustrahlen scheint, wie sich der Ba im Zentrum seines Umraumes fühlt, von dem aus er nach allen Richtungen hin antwortet.

Mit der Pyramide wurde also vor den Ägypter, am Anfang seiner Geschichte, ein leuchtendes Bild seiner eigentlichen Aufgabe, die Ausbildung der Empfindungsseele, hingestellt. Der Mensch lernte, sich ein-

1 Rudolf Steiner, Theosophie, Stuttgart 1955, S. 40.

2 Vgl. dazu den 73. Namen des Sonnengottes aus der Sonnenlitanei: »Mögest du den Ba des Königs von Ober- und Unterägypten auf dem Benben sein lassen wie deinen Ba«.

zuleben in seinen Leib und sich im Zentrum der Welt zu finden – der goldenen Pyramidenspitze im Lichtraum vergleichbar. Seither ist dies unser normales Bewußtsein. Wir verdanken es Ägypten!

## Die Entwicklung des Tempels im Zusammenhang mit der Entwicklung der Erde

DER ÄGYPTISCHE TEMPEL ist so alt wie die Schöpfung. Er ist die Stätte des »Uranfangs«,[3] als ihn die Schöpfergötter bildeten: »Seine Fundamente sind exakt seit der Urzeit, die Schöpfergötter bildeten ihn«.[4] Seitdem hat er viele Evolutionen durchgemacht, ist verschwunden und wurde wiedererrichtet, wie die Erde, mit der er immer im Zusammenhang steht. E. A. E. Reymond, die Bearbeiterin der Bautexte des Tempels von Edfu, faßt diese Gedanken folgendermaßen zusammen: »Kurz gesagt, scheinen die kosmogonischen Berichte an erster Stelle auf den Glauben an die wiederholte Wiedergeburt eines heiligen Wesens anzuspielen, das nach einer gewissen Lebenszeit verschwunden war, aber in einem neuen Wesen wiedergeboren wurde. Dieses trägt die Charakteristika seines Vorgängers und erreicht eine weitere Entwicklungsstufe... In derselben Weise scheint der mythische Tempel, als Werk des Schöpfergottes, die Funktion des Tempelvorfahren des wirklichen Tempels zu übernehmen.«[5]

Die Erschaffung der Erde geschieht nicht auf einmal, sondern geht in Stufen vor sich. Die Schöpfung beginnt mit dem Auftauchen einer Urinsel aus den Urwassern. »Dieser erste heilige Bereich wurde zerstört, und Dunkelheit senkte sich über die Umwelt der Schöpfergötter. Er wurde wiederbelebt, und die Insel übernahm, als Land mit Ahnentradition, die Funktion eines Gründungsbodens für einen neuen heiligen Bereich, aus dem die nachfolgenden Phasen der Erschaffung der Erde hervorgingen.«[6] Drei solcher Wiederholungen finden statt, und bei jedem solchen neuen Schöpfungsakt kommt auch ein neuer, heiliger Bereich hinzu. In diesen ganzen Entwicklungsprozeß ist der Tempelbau eingewoben. Da ist es so, daß jedesmal, wenn ein neuer Bereich entsteht, um die ursprüngliche heilige Stätte – einen Pfahl, auf den sich der Gott in Vogelgestalt niederlassen kann – eine neue Einfriedung geschaffen wird. Den drei Wiederholungen der Schöpfung entsprechend, entstehen also drei Umhüllungen des Tempels.

Aus dieser Schilderung wird deutlich, um was es sich bei der Entwicklung des ägyptischen Tempels eigentlich handelt. Denn wenn wir statt Tempel Leib sagen, so geht aus den obigen Texten hervor,[7] daß der physische Leib des Menschen am Beginn der Schöpfung zusammen mit der Erde geschaffen wurde und sich dann in drei aufeinanderfol-

3 Z. B. Urk. IV 1709, aber auch sonst sehr häufig.

4 de Wit, Inscriptions dédicatoires du temple d'Edfou, CdE 72/1961 p. 57 f.

5 E. A. E. Reymond, The Mythical Origin of the Egyptian Temple, Manchester 1969 p. 301.

6 op. cit. p. 324.

7 Die genaue philologische Übersetzung ist von E. A. E. Reymond angekündigt.

genden Stufen weiterentwickelte. Auf jeder Stufe wurde eine neue Hülle um den ursprünglichen Wohnort gelegt. Die erste Hülle war das »Haus des Ka«; von der zweiten Hülle wird gesagt, daß sie erst errichtet werden konnte, nachdem ein Feind von diesem Orte vertrieben worden war, und von der dritten Hülle wissen wir nur, daß sie einen Baum umschloß. Damit zeigt sich, daß die ägyptischen Priester wußten, aber in das Bild des Tempels verschlüsselten, was erst von Rudolf Steiner wieder ausführlich beschrieben worden ist.[8] In seiner »Geheimwissenschaft im Umriß« wird die Entwicklung des Menschen und seiner »Hüllen« im Zusammenhang mit der Entwicklung der Erde geschildert, ebenfalls in vier Stufen.

Aber nicht nur innerhalb der großen Evolutionsstufen der Welt entwickelt sich der Leib, er wird auch in geschichtlichen Zeiten immer wieder »von neuem« gemacht. Im Tempel der Hathor in Dendera gibt es in einer der Krypten eine Inschrift[9], die davon spricht, daß der gegenwärtige ptolemäische Tempel einen »Vorfahren« zur Zeit Thutmosis III. habe, der wiederum die Erneuerung eines Planes aus der Zeit des Cheops sei. Der Geist, der sich jeweils einen solchen neuen Leib schafft, ist der Gott, der König. Er unterliegt dem Gesetz der Wiederverkörperung ebenso wie der Sonnengott, dessen täglicher Sonnenlauf dieses Gesetz im Bilde vorführt. Eine Periode des Erscheinens in der Welt wechselt ab mit einer Epoche, in der das Wesen, in der Unterwelt weilend, für äußere Augen verborgen ist, um von neuem wiederzukehren – wie Re jeden Tag!

8 R. Steiner, Die Geheimwissenschaft im Umriß, GA 13, im Kapitel: Die Weltentwicklung und der Mensch.

9 Mariette, Dendérah, t III, pl. 98. u. A. Varille, Quelques Caractéristiques du Temple Pharaonique. Kairo 1946 p. 3.

# Chronologische Übersicht über die ägyptische Geschichte

*Um 3000 v. Chr.* sogenannte Reichseinigung durch »Menes«; Gründung und Organisation eines einheitlichen Staatswesens; Erfindung der Schrift; Einführung des Kalenders; Beginn der historischen Jahreszählung (nach Regierungsjahren des jeweiligen Königs); Festlegung des ägyptischen Kunstkanons; Gründung der Hauptstadt Memphis.

*3000–2665* 1. und 2. Dynastie. Thinitenzeit.

ALTES REICH:

*2665–2600* 3. Dynastie. Erste Pyramide: Die Stufenpyramiden-Anlage des Königs Djoser in Sakkara.

*2600–2480* 4. Dynastie. Monumentale Pyramiden in Medum, Dashur und Giseh, Mastabagräber der Beamten und Vornehmen in Giseh.
Könige: Snofru, Cheops, Chefren, Mykerinos.

*2480–2320* 5. Dynastie. Pyramiden und Sonnenheiligtümer bei Abusir; Mastabas in Giseh und Sakkara.
Könige: Userkaf, Sahure, Neferirkare, Ni-user-re, Asosi, Unas.

*2320–2155* 6. Dynastie. Pyramiden bei Sakkara; große Mastabas und Grabanlagen der Vornehmen in Sakkara und in verschiedenen Städten Ägyptens. Beginn der Auflösung des Reiches.
Könige: Pepi I., Merenre, Pepi II.

*2155–2040* 1. Zwischenzeit: 7.–10. Dynastie. Politische Wirren; kaum Baudenkmäler; bedeutende Literatur.

## MITTLERES REICH:

| | |
|---|---|
| *2040–1991* | 11. Dynastie. Erneute Einigung des Reiches von Theben aus. Grabbauten in Theben-West.<br>König Mentuhotep. |
| *1991–1786* | 12. Dynastie. Ausdehnung des Reiches bis zum zweiten Katarakt; Bewässerungsbauten; Kultivierung des Fayums; Pyramiden bei Illahun, Hawara, Lischt, Dashur; Felsgräber der Vornehmen in Oberägypten.<br>Könige: Amenemhet I., Sesostris I., Amenemhet II., Sesostris II. und III., Amenemhet III. und IV. |
| *1785–1650* | 13. und 14. Dynastie. Thronwirren und Auflösung des Einheitsstaates. |
| *1650–1551* | 2. Zwischenzeit: 15. und 16. Dynastie. Fremde Könige aus dem Gebiet Palästinas (sog. Hyksos) erobern und beherrschen Unter- und Mittelägypten.<br>17. Dynastie. Könige aus Theben vertreiben die Hyksos und einigen Ägypten erneut. |

## NEUES REICH:

| | |
|---|---|
| *1551–1305* | 18. Dynastie. Weitere Ausdehnung des Reiches, im Nordosten bis zum Euphrat, im Süden bis zum vierten Katarakt. Sog. Weltmachtzeit: Ägypten wird ein Reich, das viele verschiedene Völker umfaßt und zu vielen Völkern Beziehungen unterhält. Tempelbauten in Theben (Reichstempel in Karnak, Luxor) und Totentempel in Theben-West; Felsgräber der Könige im Tal der Könige; Gräber der Edlen in Theben-West. Amenophis IV. (Echnaton) bricht mit der ganzen ägyptischen Tradition, |

verehrt nur noch einen einzigen Gott (Aton) und führt einen radikalen kulturellen Wandel herbei. Er gründet Amarna und verläßt Theben. Seine Nachfolger kehren langsam zur früheren Kultur zurück.
Könige: Ahmosis, Amenophis I., Tuthmosis I. und II., Hatschepsut, Tuthmosis III., Amenophis II., Tuthmosis IV., Amenophis III., Amenophis IV. (Echnaton), Semenchkare, Tutanchamun, Eje, Haremhab.

*1305–1196* 19. Dynastie. Kriege gegen die Hethiter. Monumentale Tempelbauten überall in Ägypten (Theben, Abydos, Ramsesstadt) und in Nubien (Abu-Simbel); Felsgräber der Könige im Tal der Könige; Gräber der Vornehmen in Theben-West.
Könige: Ramses I., Sethos I., Ramses II., Merenptaḥ.

*1196–1080* 20. Dynastie. Krieg gegen die Seevölker und Libyer. Totentempel Ramses III. in Medinet Habu.
Könige: Ramses III. – XI.

SPÄTZEIT:

*1080–946* 21. Dynastie. Herrschaft der Amunspriester von Theben, daneben Könige in Tanis.

*946–712* 22.–24. Dynastie. Zerfall des Reiches, libysche Könige.

*745–655* 25. Dynastie. Äthiopische und kuschitische Fremdherrscher. Unter Taharka Krieg gegen die angreifenden Assyrer, die Ägypten erobern.

*664–525* 26. Dynastie. Herrscher aus Sais. Künstlerischer Archaismus.

| | |
|---|---|
| *525–332* | 27.–30. Dynastie. Eroberung Ägyptens durch die Perser. Danach zahlreiche Aufstände unter ägyptischen Anführern. |
| *332* | erobert Alexander der Große Ägypten, gründet Alexandria und setzt seinen Feldherrn Ptolemaios als Statthalter ein. |
| *323–30 v. Chr.* | Ptolemäerzeit. Makedonische Herrschaft über Ägypten. Zahlreiche Tempelbauten (Edfu, Dendera, Kom-Ombo). |
| *30 v. Chr.– 395 n. Chr.* | Ägypten als römische Provinz. Letzte Tempelbauten in Oberägypten (Philae). |

*(Daten nach von Beckerath)*

*Textsammlungen (Übersetzungen):*

Th. G. Allen, The Book of the Dead, Chicago 1974
J. Assmann, Ägyptische Hymnen und Gebete, Zürich/München 1974
R. O. Faulkner, The Ancient Egyptian Pyramidtexts, Oxford 1969
R. O. Faulkner, The Ancient Egyptian Coffin Texts, Warminster 1973
E. Hornung, Ägyptische Unterweltsbücher, Zürich/München 1972
E. Hornung, Das Amduat, die Schrift des verborgenen Raumes, Bd. 1–3, Wiesbaden 1963–67
E. Hornung, Das Buch der Anbetung des Re im Westen (Sonnenlitanei), Aegyptiaca Helvetica 2/1975 und 3/1976
J. Spiegel, Das Auferstehungsritual der Unas-Pyramide, Wiesbaden 1971

*Zu den Pyramiden:*

I. E. S. Edwards, Die ägyptischen Pyramiden, Wiesbaden 1967
J. Ph. Lauer, Le Mystère des Pyramides, Paris 1974
J. Ph. Lauer, Histoire monumentale des Pyramides d'Egypte, Bd. 1, Le Caire 1962
J. Ph. Lauer, Observations sur les Pyramides, Le Caire 1960
V. Maragioglio / C. Rinaldi, L'Architectura delle Piramidi Menfite, 7 Bde., Rapallo 1963–1970
H. Ricke, Bemerkungen zur ägyptischen Baukunst des Alten Reiches, 2 Bde., Zürich 1944, Kairo 1950

*Zu den ägyptischen Tempeln:*

P. Barguet, Le Temple d'Amon-Rê à Karnak, Le Caire 1962
H. Brunner, Die südlichen Räume des Tempels von Luxor, Mainz 1977
A. M. Calverley / M. F. Broome / A. H. Gardiner, The Temple of King Sethos I. at Abydos, 4 Bde., London–Chicago 1933–58
J. L. de Cenival, Ägypten (Architektur der Welt), München 1964
E. Chassinat / Fr. Daumas, Le Temple de Dendérah, 8 vol. Le Caire 1934–1976
F. Daumas, Dendara et le Temple d'Hathor, Le Caire 1969
A. R. David, Religious Ritual at Abydos, Warminster 1973
M. Hirmer / E. Otto, Ägypten; Architektur, Plastik, Malerei in 3 Jahrtausenden, München 1967[4]
U. Hölscher, The Excavations of Medinet Habu, Bd. 1–5, Chicago 1934–54
U. Hölscher, Die Wiedergewinnung von Medinet Habu, Tübingen 1958
O. Keel, Die Welt der altorientalischen Bildsymbolik und das Alte Testament, Köln 1972

D. Meeks, Le Texte des donations au temple d'Edfou, Le Caire 1972
E. A. E. Reymond, The Mythical Origin of the Egyptian Temple, Manchester 1969
M. de Rochemonteix / E. Chassinat, Le Temple d'Edfou, vol. I–XIV, Le Caire 1897–1934
S. Sauneron / H. Stierlin, Edfou et Philae, Paris 1975
W. Wolf, Die Kunst Ägyptens, Stuttgart 1957

## *Verzeichnis der Abkürzungen*

| | |
|---|---|
| ÄHG | J. Assmann, Ägyptische Hymnen und Gebete, München 1975 |
| ASAE | Annales du Service des Antiquités de l'Egypte, Kairo |
| Amduat | E. Hornung, Das Amduat, die Schrift des verborgenen Raumes, Wiesbaden 1963 |
| CdE | Chronique d'Egypte, Brüssel |
| CT | A. de Buck, The Egyptian Coffin Texts, 7 Bde., Chicago 1935–1961 |
| GA | Gesamtausgabe der Werke Rudolf Steiners, Rudolf Steiner Verlag, Dornach |
| JEA | Journal of Egyptian Archaeology, London |
| LL | J. Assmann, Liturgische Lieder an den Sonnengott, Berlin 1969 |
| NADWG | Nachrichten der Akademie der Wissenschaften in Göttingen, Phil. Hist. Kl. |
| PT | K. Sethe, Die altägyptischen Pyramidentexte, 4 Bde., Leipzig 1908–22 |
| RdE | Revue d'Egyptologie, Kairo/Paris |
| TB | E. Naville, Das ägyptische Totenbuch, Berlin 1886 |
| Urk. IV | K. Sethe, Urkunden der 18. Dyn. Nachdruck 1961 |
| ZÄS | Zeitschrift für ägyptische Sprache und Altertumskunde, Leipzig, Berlin |
| ZDMG | Zeitschrift der Deutsch-Morgenländ. Gesellschaft |

## *Bildquellen*

Abb. 1, 8, 39, 40, 42, 58: Hirmer-Bildarchiv, München. Abb. 4: Ägyptisches Museum, Kairo. Alle übrigen Fotos, sowie alle Zeichnungen ohne Quellenvermerk, stammen von Walter Krafft und vom Verfasser

# REGISTER

*Vom gleichen Autor in Vorbereitung*

# Der Mensch und sein Tempel
## *Griechenland*

*Ca. 200 Seiten mit ca. 60 Abb. und ca. 20 Fig.*

Der ägyptische Tempel ist ein Weg nach innen. Diesen Weg muß beschreiten, wer die Pläne der Götter erfahren will, damit die göttliche Ordnung der äußeren Welt eingeprägt werden kann. Der griechische Tempel kennt keinen solchen Gegensatz von innen und außen. Er steht im Mittelpunkt einer von Göttern durchlichteten und durchlebten Welt als ein Zeichen dieses göttlichen Lebens. Denn die in der Natur erlebten organischen Bildekräfte werden vom Griechen erkannt und im Tempelbau in einem neuen, gebauten Organismus gestaltet. Das zeigt sich in der Form des Tempels, in seinen Konstruktionsgesetzen, seinen Ornamenten, seinen Säulenordnungen. Auch hier ist wieder der Tempel ein Bild der Bewußtseinskonfiguration des Menschen und seiner Entwicklung in der griechischen Kultur. Folgende Themen, die sich hieraus ergeben, werden in diesem Band behandelt:
Das griechische Gotteserlebnis; der griechische Tempel als Form; die Säulenordnungen; die Ornamente des griechischen Tempels; die Konstruktion des griechischen Tempels; die Entwicklung des Denkens in Griechenland; die besondere Bedeutung Delphis hierbei; die Ornamente der Grabstelen und Lekythen; Tholoi.

# Der Mensch und sein Tempel
## *Christliches Europa*

*Ca. 220 Seiten mit ca. 70 Abb. und ca. 30 Fig.*

Schon vom Beginn des christlichen Kirchenbaues an, findet der Kult, zu dem sich die Gemeinde versammelt, in Innenräumen statt. Aber auch hier ist wieder eine grundlegende Wandlung dieser Innenräume und ihrer Gestaltung von außen zu beobachten, die in deutlichen Stufen vonstatten geht. Entwickelt sich durch die Mitwirkung der nördlichen Völker zuerst eine »romanische« Baukunst, die noch in Fortsetzung der Gestaltungsintentionen des griechischen Tempels liegt, so tritt mit dem Beginn der Gotik der erste große Umschwung ein. Die Reinheit der Seele hat in den großen Domen ihr bauliches Bild erhalten. Die Beschreibung der romanischen und gotischen Kirchenbauten von außen und innen, die beabsichtigte Wirkung auf den Gläubigen (an Hand mittelalterlicher Texte); die empfindende Betrachtung dieser Bauten und die weitere Entwicklung im Renaissance- und Barockzeitalter sind die Themen dieses Bandes. Den Schluß bildet ein Ausblick auf die Formen des ersten Goetheanums und auf die Intentionen, die mit diesem Bau verbunden waren.